Nazario Francisco
Jorge Francisco León
Juan Antonio Juárez

# Niveles tecnológicos en horticultura protegida

Nazario Francisco
Jorge Francisco León
Juan Antonio Juárez

# Niveles tecnológicos en horticultura protegida

## Infraestructura y equipamiento

Editorial Académica Española

**Imprint**
Any brand names and product names mentioned in this book are subject to trademark, brand or patent protection and are trademarks or registered trademarks of their respective holders. The use of brand names, product names, common names, trade names, product descriptions etc. even without a particular marking in this work is in no way to be construed to mean that such names may be regarded as unrestricted in respect of trademark and brand protection legislation and could thus be used by anyone.

Cover image: www.ingimage.com

Publisher:
Editorial Académica Española
is a trademark of
International Book Market Service Ltd., member of OmniScriptum Publishing Group
17 Meldrum Street, Beau Bassin 71504, Mauritius
Printed at: see last page
**ISBN: 978-620-0-42787-8**

# NIVELES TECNOLÓGICOS EN HORTICULTURA PROTEGIDA

INFRAESTRUCTURA Y EQUIPAMIENTO

AGOSTO DE 2020

UNIVERSIDAD TECNOLÓGICA DE TEHUACÁN
Tehuacán, Puebla

# TABLA DE CONTENIDO

## 1. Niveles tecnológicos en unidades de producción agrícola protegida

La agricultura es una actividad milenaria que surgió en el viejo mundo como resultado de la necesidad de alimentar a las primeras sociedades más prosperas. Existe evidencia registrada con el paso del tiempo de las prácticas y tecnologías que se han empleado para lograr tal propósito. Por ejemplo, los egipcios dominaron el cultivo de trigo y perfeccionaron su manejo postcosecha en los silos. Los romanos fueron los primeros expertos en implementar sistemas de riego por canaletas en sus cultivos. Los chinos mejoraron la práctica del cultivo de arroz por inundación. Familias enteras aportaban mano de obra propia para producir sus alimentos, lo que hoy se le conoce como "producción en autoconsumo".

En la actualidad se estima que la agricultura emplea alrededor de la tercera parte de la fuerza laboral del mundo (James *et al.*, 2016). La agricultura desde el comienzo representó la estructura medular de las economías de las primeras poblaciones. No obstante, investigaciones recientes reportan que alrededor del mundo la agricultura ocupa aproximadamente el 70% del agua potable disponible, solo para irrigar 17% de la superficie terrestre cultivable. Así mismo, evidencias actuales informan que el agua para las áreas de riego en todo el mundo disminuye paulatinamente, debido principalmente al aumento de la demanda de alimentos, la contaminación, y el calentamiento global (Taher *et al.*, 2016). El calentamiento global es un factor importante que además propicia la inseguridad alimentaria. En 2015, la FAO, a través de una publicación digital de la revista FORBES, reportó que la producción mundial de alimentos debería aumentar en un 60% para el año 2050, el cual contará con algo superior a los nueve mil millones de habitantes (Foote, 2015). Cabe mencionar que la mayor concentración de la población emerge cada vez más en las zonas urbanas. En México, en un estudio reciente, se mostró que la inseguridad alimentaria actualmente se concentra en las zonas urbanas, lo que hace más de 30 años se observaba en las zonas rurales (Mundo-Rosas et al., 2020).

El panorama anterior, hace evidente la necesidad de una mayor productividad de los sistemas agrícolas, y no es precisamente la mayor carga de trabajo la mejor opción, más bien, deben aplicarse las tecnologías modernas en la forma de producir. Tal como la evolución del hombre que se dedicaba a la caza y recolecta para convertirse en agricultor social. Ahora la mayor productividad agrícola se logra con la introducción de plantas mejoradas, con el mejoramiento de las prácticas agrícolas, la agricultura protegida, y el emergente uso de nuevas tecnologías en la agricultura, englobada en el concepto "**Agricultura 4.0**".

Por otro lado, la adopción de la agricultura de precisión es un excelente ejemplo. El propósito es probar mecanismos en la agricultura para prevenir la pérdida de cultivos debido al cambio climático, enfermedades rizosféricas, ataques de plagas, entre varios otros. Al respecto, investigadores de renombre concluyen que la producción en invernaderos tecnificados es uno de los tipos fundamentales de agricultura de precisión. A través de este sistema podría proveerse suficiente alimento por muchos años (Baudoin *et al.*, 2013). Métodos de cultivo como la hidroponía y aeroponía, los cuales son adaptables en los invernaderos, proveen grandes beneficios a los productores agrícolas, tales como el control de nutrientes y la prevención de muchas enfermedades rizosféricas (Valenzano *et al.*, 2008).

La producción de cultivos en hidroponía es una técnica milenaria que ha sido perfeccionado con el paso de los años. En México, los aztecas construyeron chinampas sobre la que sembraban sus cultivos. La etimología de la "Hidroponía" significa *hydros* = agua y *ponos* = trabajo o labor. Es el cultivo de plantas sin suelo, en inglés *"soilless culture"*. En tiempos modernos su implementación a pequeña escala comenzó con el propósito de estudiar la nutrición vegetal. La técnica hidropónica puede realizarse en espacios reducidos y permite obtener mayores volúmenes de productos vegetales por unidad de superficie. Así mismo, su construcción puede considerarse sencilla.

Existen diferentes tipos de sistemas hidropónicos que pueden construirse, desde los más sencillos, de control manual, semiautomáticos, hasta los manejados sofisticadamente mediante automatización. Los sistemas hidropónicos pueden clasificarse en dos grandes categorías: los sistemas hidropónicos en sustrato (también conocida como semihidroponia) y los sistemas hidropónicos en agua.

### 1.1. Cultivo en sustrato o semihidroponia

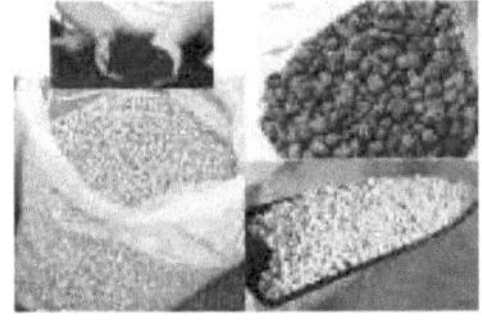

En agricultura protegida se emplea con el propósito de maximizar la producción intensiva de cultivos y para obtener alimentos de muy buena calidad. La ventaja de la producción en sustrato en comparación a la producción en suelo, es que se minimizan los problemas de enfermedades radiculares y el control de plagas se hace más fácil. Los contenedores comúnmente empleados son a base de plásticos, los cuales suelen ser de polietileno de baja y alta densidad, policarbonato, y PVC.

Los sustratos suelen ser de origen mineral, sintético, y orgánico, los cuales presentan propiedades a tenerse en cuenta. La selección del **sustrato** debe realizarse considerando 3 aspectos importantes, el primero es el cumplimiento de las propiedades físicas idóneas para producir, el segundo será el número de ciclos que nos permitirá producir, y el tercero será el destino final del sustrato. Este último se encuentra relacionado con los aspectos de sostenibilidad del sustrato, el cual resulta importante, ya que podría resultar contaminante si se desecha al aire libre (Muro Erreguerena, 2012 y Masaguer, 2007). Para evitar lo anterior, dependiendo de la naturaleza del sustrato, estas pueden reutilizarse en otras áreas de cultivo. Por ejemplo, los sustratos orgánicos como el peat moss y fibra de coco, pueden incorporarse a suelos bajos en materia orgánica. Así mismo, pueden ser composteados. Los sustratos como la perlita pueden incorporarse a suelos agrícolas arcillosos, para mejorar su porosidad.

Los sustratos mayormente recomendados en cultivos sin suelo son: perlita, fibra de coco y lana de roca. El peat moss se utiliza con frecuencia, sin embargo, no se recomienda su uso para los cultivos sin suelo. En México pueden encontrarse una amplia variedad de sustratos naturales, los cuales se usan puras o en mezclas. Sustratos como arena, graba, piedra pómez, cascarilla de arroz, fibra de coco, y tezontle se encuentran con facilidad. El tezontle es de origen volcánico y particularmente es de los más accesibles y baratos. También se emplean sustratos procesados industrialmente, por ejemplo, la lana de roca y la arcilla expandida. En agricultura protegida intensiva, la lana de roca es moldeada en bloques para facilitar el trasplante de los cultivos y la arcilla expandida se usa empaquetada en bolsas llamadas "bolis".

El sistema de riego idóneo para esta técnica de cultivo es el riego de precisión, ya que la demanda de agua, por lo general, es un poco más alta que los cultivos establecidos en suelo. No obstante, los cultivos bajo este sistema producen como mínimo 90% más que el cultivo en suelo. Así mismo, la calidad de los frutos obtenidos resulta de mejor calidad. Todo ello contribuye a mejorar la competitividad de los productores agrícolas.

### 1.2. Sistemas hidropónicos en agua

*Técnica de la raíz flotante*

En este sistema, la raíz de las plantas está parcialmente sumergida en solución nutritiva. La técnica más empleada comercialmente es la DFT (Deep Flow Technique), en la que el poliestireno expandido se utiliza como material de soporte de las plantas en flotación. El poliestireno soporta solo cierto número de plantas. En esta técnica se hace necesario el uso de una bomba de pecera que rompa la tensión superficial del agua y oxigene continuamente. Aunque también puede realizarse mediante el soplido bucal a través de una manguera sumergida al fondo de la solución nutritiva para redistribuir los nutrientes y el oxígeno. El soplido debe realizarse como mínimo dos veces diarias.

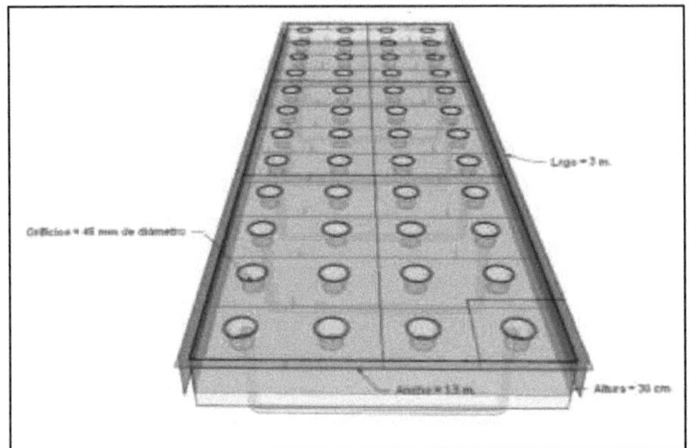

**Figura 1.** Dimensiones de un sistema hidropónico en raíz flotante. Elaboración propia.

El surgimiento de raíces obscuras en las plantas, es un indicador de una pobre oxigenación, el cual limita la correcta hidratación y asimilación de los nutrientes, afectando su crecimiento y desarrollo. Este sistema es fácilmente adaptado en los hogares. Se producen de esta forma especies de porte bajo que son consumidas por su follaje como las lechugas.

*Sistema NFT*

El sistema NFT fue desarrollado por el Dr. Allen Cooper en 1965 en Inglaterra. Este sistema es ampliamente usado para cultivos de porte bajo como lechugas, apio, espinaca, albahaca, entre otros similares, aunque también es posible producir tomates. El sistema NFT se construye de tubería PVC en perfil circular, o los hay comercialmente en formas geométricas diferentes. Existen variantes en la disposición de los tubos. Estas van desde una colocación horizontal, hasta disposiciones verticales.

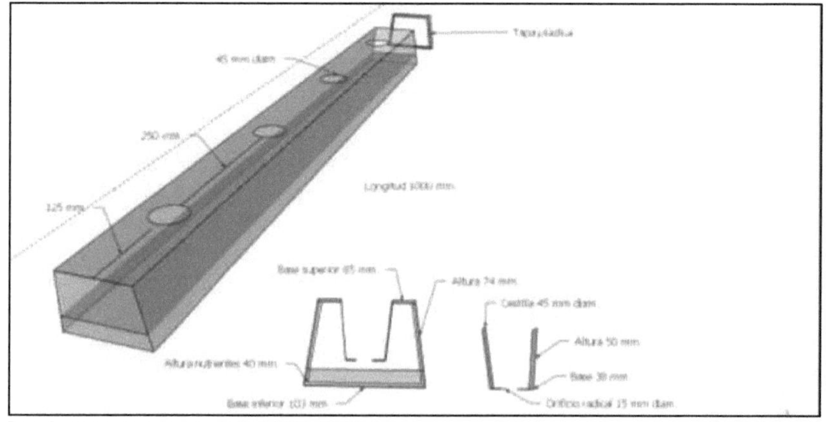


**Figura 2**. Dimensiones de los tubos comerciales para hidroponía. *Elaboración propia.*

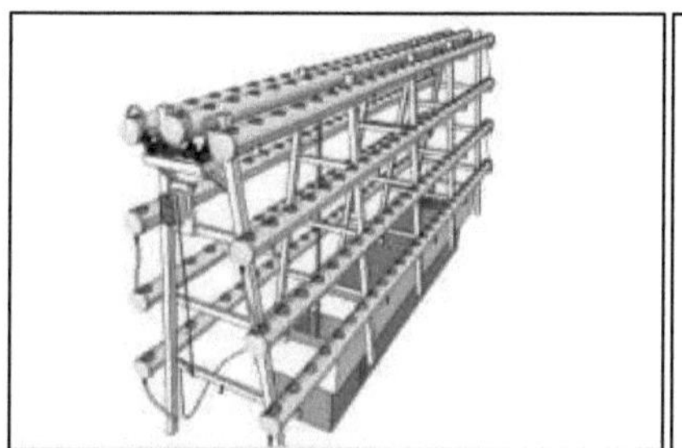

**Figura 3**. Disposición vertical NFT

**Figura 4.** Disposición horizontal NFT

La técnica NFT permite producir cultivos, como la lechuga, hasta 300 unidades/$m^2$ por año. Además, permite obtener frutos completamente inocuos y de calidad. Actualmente estos sistemas pueden automatizarse a través del control de variables como el pH, la temperatura de la solución nutritiva, conductividad eléctrica, entre otros. Unas de las principales características distintivas de esta técnica hidropónica es la recirculación, es por ello que cuenta con una tubería de suministro y una tubería de recolecta. Por esta disposición recibe el nombre de "sistema cerrado o solución recirculante". Dadas las características del sistema, su implementación implica un alto grado de tecnificación, de inversión y de conocimientos de química. Aunado a ello, se hace necesaria la sanitización frecuente de las estructuras para evitar problemas de enfermedades fungosas.

## 1.3. Sistemas en aeroponía

La técnica del cultivo aeropónico es otra de las opciones de cultivo sin suelo en ambientes de crecimiento controlado como los invernaderos. Esta técnica consiste en encerrar el sistema radical de las plantas en una cámara obscura. A diferencia de la técnica NFT, en esta técnica las raíces no permanecen constantemente en una película de agua. La fertilización de las plantas se realiza por medio de nebulizaciones frecuentes. La técnica se ha empleado exitosamente para la producción de diferentes especies hortícolas, tales como lechuga, tomate, pepino, y plantas ornamentales como el crisantemo o poinsetia. También se ha utilizado para producir tubérculos y minitubérculos de papa, usada para la elaboración de papas fritas en empresas trasnacionales como Sabritas y Barcel.

La producción en sistema aeropónico puede realizarse en disposición vertical u horizontal. La ventaja de la disposición vertical es que permite mayor producción por unidad de superficie.

Para la construcción de este sistema se requiere de una cabina cerrada, un tanque de mezclado para la solución nutritiva, una bomba de ½ hp, temporizador digital, tubería rígida o flexible de 1" y de ½", y nebulizadores de alta presión. Las ventajas de esta forma de producción son: 90% de ahorro de agua en comparación a las formas de producción tradicionales, ahorro de fertilizantes, mayor calidad de fruta, mejor control de plagas y enfermedades, producción en todo el año, y posibilidad de automatización. Una desventaja es el alto costo de inversión inicial, principalmente. La mínima unidad de producción rentable es de 1000 $m^2$.

## 1.4. Sistema NGS (New Growing System)

Es un sistema de cultivo sin suelo de tipo recirculante implementada en España. Este sistema es similar a la técnica NFT, con diferencias en los tubos contenedores. El NGS se realiza mediante contenedores de plástico polietileno de baja densidad sujeta mediante varillas metálicas. Comercialmente el plástico se vende en rollos, es de color blanco al exterior y negro al interior. La selección se realiza dependiendo del cultivo, ya que estas vienen en bandas dispuestas en determinada forma. El color blanco al exterior evita el calentamiento de la solución nutritiva, mientras que el color negro (estará en contacto con las raíces de los cultivos) al interior impide la germinación de semillas de maleza. Las bandas del interior de las canaletas promueven una mejor distribución de las raíces.

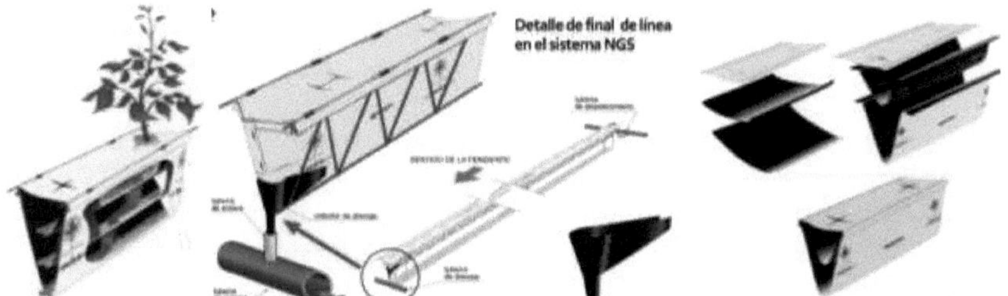


**Figura 5**. Partes de un sistema NGS. Tomado de http://ngsystem.com/es/legal

El sistema NGS presenta similares ventajas que el sistema NFT. No obstante, el sistema presenta la facilidad de ser automatizado. En los invernaderos de alta tecnología cada canaleta puede manipularse individualmente mediante mecanismos automatizados. Este mecanismo permite un control más eficaz de las labores del personal de manejo y facilita el ordenamiento por etapas de cultivo, en otras palabras, permite colocar a las plantas próximas a cosecha en un lugar cercano al empaque. Así mismo, pueden conseguirse altas densidades de plantación. Sin embargo, la sostenibilidad del sistema difiere del NFT, ya que el plástico presenta una vida útil de no más de 3 años.

La técnica NGS se implementa para favorecer una mejor arquitectura radical de los cultivos. Esta situación permite que el potencial hídrico constante en las raíces de las plantas se mantenga en valores positivos.

## 2. Tendencias en innovación de sistemas hidropónicos

La emergencia de la agricultura de precisión en la actualidad obedece a la necesidad de hacer un uso más eficiente del espacio y los recursos. Si bien, como se mostró con cada una de las técnicas anteriores la existencia de un mejor control en la producción, aún se necesitan estudios que aporten en la generación de nuevas tecnologías para mejorar la productividad. El cultivo sin suelo representa un reto que varios productores en nuestro país no se atreven a tomar por desconocimiento o por lo que implica un cambio de sistema de producción.

Así mismo, el avance en la introducción de las nuevas tecnologías, como la automatización, domótica, robótica, tecnología SCADA, el internet de las cosas, en estos sistemas aún se encuentra en etapa de estudio. Países como Holanda, España, Alemania, y Japón lideran la innovación en estos sistemas. Tal es así que con estas tecnologías se generan nuevas necesidades en el mercado, desde la necesidad de consumir frutos inocuos, con mejores características organolépticas, formas *"adoc"*, contenido nutrimental y vitamínico específico, capacidad antioxidante, larga vida de anaquel, entre otros.

Con referencia al uso de las nuevas tecnologías, puede mencionarse el emergente uso de la automatización en el control de las variables de producción de los sistemas de cultivo sin suelo (hidroponía o aeroponía). Para ello, se ha hecho uso de controladores lógicos programables (PLC) y microcontroladores económicos, tales como PIC y arduino, actuadores y sensores para el control de variables. Los sensores comúnmente usados para el control de las variables en sistemas hidropónicos y aeropónicos son: sensores de $CO_2$, pH, conductividad eléctrica, humedad relativa, temperatura del aire, intensidad luminosa, y otros parámetros adicionales como el control del tiempo e intervalos de atomización de las soluciones nutritivas (Figura 6).

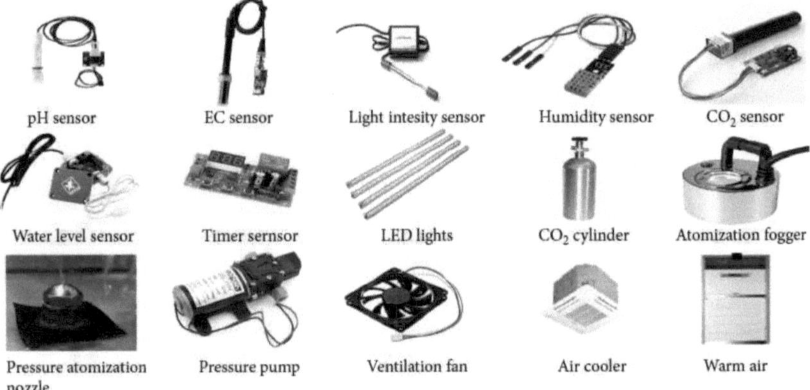


**Figura 6**. Sensores y actuadores usados en un sistema aeropónico. *(Lakhiar et al., 2013)*.

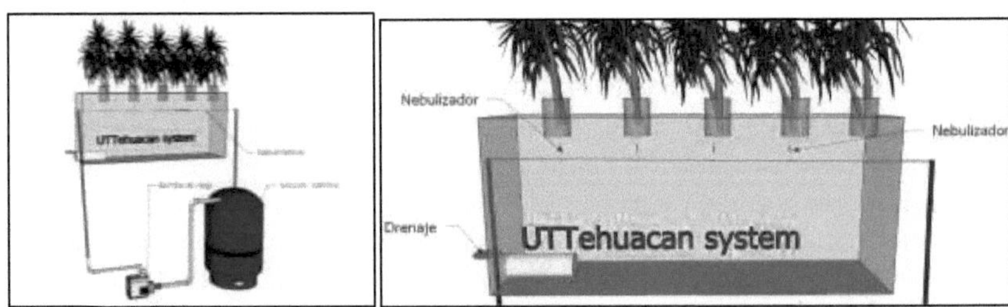


**Figura 7**. Arquitectura básica de un Sistema aeropónico.

Actualmente existen en el mercado varios proyectos en desarrollo referentes a proyectos de automatización de los sistemas de cultivo sin suelo. Cabe mencionar que los costos para la implementación de dichos prototipos son relativamente bajos (Figura 8 y 9).

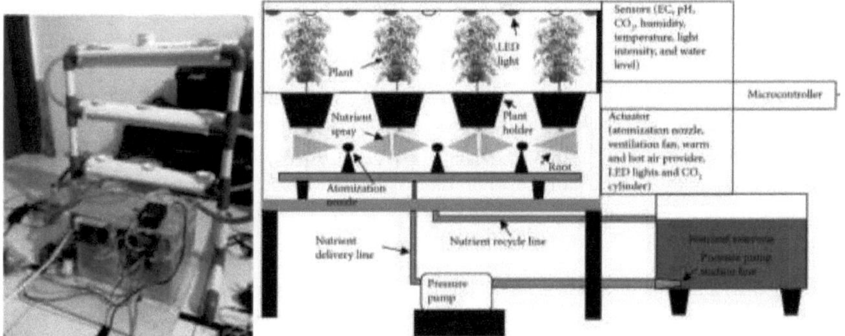


**Figura 8**. Ejemplo de prototipo NFT automatizado. **Figura 9**. Arquitectura de aeroponía automatizada

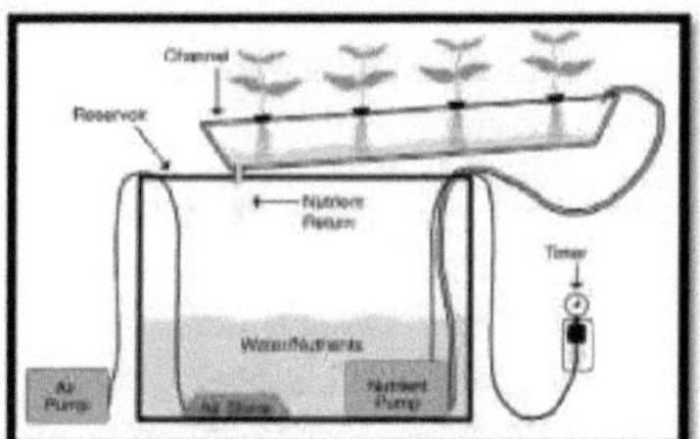


**Figura 10. Sistema NGS temporizado.**

## 3. Uso de sustratos y equipamiento de los sistemas semihidropónicos de producción abiertos

La agricultura protegida convencional es una forma de producción que actualmente hace uso de materiales versátiles y muy variados. Dichos materiales han sido elaborados generalmente de minerales, plásticos, sintéticos, y con menor frecuencia de naturaleza orgánica, los cuales se emplean con el fin de mejorar procesos, calidades de la producción y/o para hacer un uso más eficiente de los recursos. Su uso suele comenzar previo al establecimiento de los cultivos y culminar en postcosecha.

Los sustratos suelen emplearse en reemplazo al cultivo en suelo, principalmente para evitar problemas que frecuentemente genera la siembra en suelo. Sin embargo, la opción de uso de los sustratos debe acompañarse del conocimiento de sus propiedades, ciclos de utilidad, costos, implicaciones en el sistema de producción vigente y sustentabilidad

En la presente redacción se muestran las características que deben conocerse de un sistema de cultivo en sustrato, el manejo y los cuidados que debe prestársele a la hora de seleccionar su introducción a nuestro sistema de cultivo.

### 3.1. Propiedades de los sustratos como medio de cultivo en semihidroponía

Un sustrato es un medio artificial que puede reemplazar al suelo para la producción de uno o varios ciclos de cultivo. Su uso es paliativo a los problemas que se presentan en suelo, por ejemplo, los problemas de enfermedades radiculares, pero su uso también se selecciona cuando se pretende incrementar rendimientos y cuando la producción en suelo ya no lo permite.

Existe la creencia de que el uso de los sustratos es fácil, sin embargo, esta afirmación no es completamente cierta. Desde que se selecciona un sustrato, será necesario conocer sus características, pero principalmente, debe facilitar el crecimiento de las plantas, y no ser un obstáculo a la hora de producir.

Un buen sustrato debe equilibrar las tres fases necesarias para el buen crecimiento del cultivo. El agua, el aire y los sólidos. Debe recalcarse que no existe una proporción idónea de dichas fases para todos los cultivos. Cada cultivo requiere de una proporción específica, sin embargo, pueden manejarse proporciones estándares de aire (20-30%), agua (25-40%) y sólido (30-55%). Debido a que no existen sustratos con estas proporciones, será necesario realizar mezclas de más de un sustrato para alcanzarlas.

Así mismo, debe conocerse las propiedades que tiene el material que conformará nuestro sustrato. Las tres propiedades más importantes que debe determinarse de un sustrato son: las **físicas**, **químicas**, y **biológicas**.

Las **propiedades físicas** se refieren a la *granulometría*, *porosidad*, *densidad* (*real y aparente*), y la *retención de humedad*. Las propiedades físicas *porosidad* y *retención de humedad* serán la causante de la mayor o menor pérdida de agua que se incurra en cada riego y será un factor fundamental para evitar la anoxia radicular en las plantas. Las propiedades físicas son consideradas de mayor importancia que las propiedades químicas, de hecho, en hidroponía, los sustratos deben ser inertes y no presentar interferencias con la actividad química de las soluciones nutritivas. Lo anterior es sustancialmente importante si se considera al sustrato como sustituto del suelo, principalmente para poder incrementar los rendimientos del cultivo.

*Densidad aparente*. La densidad de un sustrato se expresa por el peso seco de los sustratos por unidad de volumen. Mientras que la densidad de un suelo es superior a 1.0 g/cm$^3$, la densidad de un sustrato por lo general es inferior a 1 g/cm$^3$. La densidad óptima para los cultivos en contenedores varía entre 150 y 500 g/cm$^3$. No se recomienda el uso de sustratos con muy baja densidad aparente para cultivos de porte alto, por ejemplo, la perlita (0,1 g/cm$^3$), el poliestireno (0.035 g/cm$^3$) y sphagnum no comprimido (0.06 g/cm$^3$), estos deben usarse en mezclas, principalmente para cultivos verticales.

*Porosidad*. El sustrato ideal para cultivos en maceta debe tener una porosidad de al menos 75% con un porcentaje de macroporos entre 15-35% y de microporos entre 40-60% dependiendo de la especie cultivada, el ambiente, y las condiciones del cultivo. En contenedores pequeños, la porosidad total debería ser de 85% del volumen. La estructura debería ser estable en todo momento y debería resistir la compresión y la reducción del volumen durante la fase de rehidratación.

*Capacidad de retención de agua*. La capacidad de retención de agua asegura niveles adecuados de humedad del sustrato para los cultivos. Sin embargo, no se recomienda que sea demasiado, la razón principal es para que no haya asfixia. La disponibilidad de agua para las plantas es calculada por la diferencia entre la cantidad de agua en la capacidad de retención y la retenida en el punto de marchitez. El punto de marchitez permanente de un suelo o sustrato, es el punto de retención de humedad de ese suelo (sustrato) que ya no puede ser arrebatada por las raíces de las plantas. El suelo es el mejor ejemplo. El agua que se encuentra en la superficie de las partículas de suelo está retenida a una alta tensión negativa de 15 bar. Un sustrato a comparación de un suelo, llega a este punto más rápidamente, lo que hace vulnerable a las plantas. Para que un sustrato evite llegar a este punto con demasiada rapidez, necesita tener una capacidad de retención de agua de entre 30-40% de su volumen aparente. Finalmente, debe considerarse que, con el constante aumento en la biomasa del sistema radicular durante el crecimiento, la porosidad libre en el sustrato gradualmente se reduce y las características hidrológicas de los sustratos se modifican.

Existen trabajos de investigación que reconocen aspectos diferenciales de la porosidad y la forma en que el agua es retenida en los sustratos. Al respecto, se ha propuesto la proporción ideal con base al volumen que un sustrato ocupa en un contenedor o maceta. Los materiales orgánicos e inorgánicos comúnmente empleados en agricultura protegida, como las turbas, perlita y vermiculita, son reconocidas por su cercanía con dicha proporción ideal. En el cuadro siguiente se muestra un aspecto de cada uno de ellos para la producción de cultivos ornamentales.

**Cuadro 1. Propiedades físicas de los sustratos para plantas ornamentales.**

| Sustrato | Porosidad total | Capacidad de retención de agua | Porosidad de aire | Agua disponible para la planta | Peso húmedo |
|---|---|---|---|---|---|
| | *% con base en el volumen total del sustrato* | | | | *Kg/litro* |
| Sustrato ideal | 70-85 | 55-70 | 10-20 | >30 | 1.0-1.5 |
| Turba-Perlita | 93 | 73 | 20 | 48 | 0.87 |
| Turba-Vermiculita | 94 | 81 | 13 | 60 | 0.99 |
| Mezcla compuesta* | 73 | 62 | 11 | 44 | 1.14 |

Valores para maceras de 15 cm.
*Turba-arena-aserrin.

Las **propiedades químicas** que deben conocerse de los sustratos son: *solubilidad, salinidad, pH, CIC* (capacidad de intercambio catiónico), conductividad eléctrica (CE) y *velocidad de descomposición*. La solubilidad se refiere a la capacidad de los sustratos a permanecer estables ante el constante suministro de agua de riego. Una mínima solubilidad incurrirá en una reducción paulatina del volumen de sustrato en el contenedor o maceta. La salinidad se refiere a la presencia de sales como el calcio, magnesio y sodio, el cual presenta una capacidad de interacción iónica significativa en las soluciones nutritivas y limita el rendimiento de los cultivos. El pH de un sustrato es un aspecto muy importante a considerar. Un sustrato con pH alcalino requerirá la adición de compuestos azufrados. Un sustrato con pH ácido requerirá de la aplicación de cal dolomita para incrementarla. El pH más adecuado se ubica entre 6-6.5, sustratos con pH inferior a este rango son adecuados para cultivos en maceta.

La CIC es un indicador de la capacidad de un sustrato para evitar la pérdida iónica por lixiviación. Por lo general, se recomienda que un sustrato presente una CIC mayor a 20 meq/100g. Se considera que los sustratos orgánicos poseen mayor actividad química con respecto a los inorgánicos, sin embargo, algunos inorgánicos como la zeolita y vermiculita poseen alta capacidad de intercambio catiónico (Savvas, 2003).

*Conductividad eléctrica (CE)*. Debería conocerse el nivel de nutrientes que posee un sustrato, mientras más bajos niveles de conductividad posea mejor. Es preferible usar sustratos inertes. Cuando un sustrato arroja altos niveles de CE, es posible sea por $Na^+$ y no precisamente de otros elementos minerales. Este elemento juega un papel negativo importante en la nutrición de las plantas y en la interacción con el resto de los iones esenciales.

Para el caso de los sustratos orgánicos, será necesario cuidar la velocidad de descomposición a través de la relación C/N (carbono/nitrógeno). Un sustrato que sufre una alta velocidad de descomposición tiende a disminuir su volumen en sustrato e implica un proceso de anaerobiosis que puede afectar negativamente el crecimiento de los cultivos. La relación carbono/nitrógeno más idóneo es la proporción 20/1.

La **propiedad biológica** de un sustrato se refiere a la actividad in situ de ciertos microorganismos benéficos o patógenos. La propiedad biológica debe considerarse fundamentalmente para los sustratos de origen orgánico. Esta propiedad puede afectar otras propiedades como las físicas. Idealmente, un sustrato en hidroponía es aquel que es inerte. Con frecuencia se incurre en prácticas de aplicación de enmiendas orgánicas o de microorganismos en diferentes formulaciones al sustrato. Esta práctica puede ocasionar problemas, ya que los microorganismos tienen la capacidad de competir con las raíces de las plantas por alimento y oxígeno, además de incurrir en un proceso degradativo alto en el sustrato.

### 3.2. Consideraciones adicionales en la selección de un sustrato

*Costos.* Si bien se recomienda la elaboración de mezclas para obtener un equilibrio de las propiedades de un sustrato y para disminuir costos. Esta dependerá no solo de los aspectos económicos. Como demuestran algunos trabajos de investigación. La selección de las mezclas idóneas también debe estar en función de las respuestas de las plantas, ya que en algunos casos es posible que un cultivo sea afectado negativamente por un tipo de sustrato en la mezcla. Por ejemplo, el cultivar "Liberty" de fresa se desarrolla mejor en un sustrato 100% de peat-moss, pero disminuye si se adiciona perlita o fibra de coco, mientras que el hibrido de fresa "Jewel" no se ve afectada con la adición de fibra de coco al peat-moss (Kingston et al. 2020).

*Limpieza y sanidad de los sustratos.* Debe cuidarse que, a la hora de hacer uso de un sustrato, esta debe venir libre de impurezas y de plagas por ejemplo de nematodos, hongos, insectos, pesticidas y semillas de malezas. Los sustratos producidos industrialmente como la arcilla expandida, perlita, lana de roca, vermiculita y poliestireno deben garantizar altos niveles de esterilidad, los cuales se obtienen a altas temperaturas aplicadas durante su procesamiento.

*Sustentabilidad.* Otra característica importante de un sustrato es su perfil sustentable. Cuando la vida útil de un sustrato termina será crucial definir su lugar definitivo final. Será preferente la selección de sustratos que no contaminen el ambiente, aunque también puede optarse por una reutilización en los cultivos a campo abierto o para mejorar las propiedades de los suelos. Por ejemplo, los sustratos orgánicos como el peat moss y fibra de coco pueden incorporarse a suelos con baja materia orgánica, asimismo, los sustratos inorgánicos como la perlita y arcilla expandida pueden incorporarse a suelos con problemas de compactación para mejorar su estructura.

### 3.3. Tipos de sustratos

***Sustratos orgánicos***. Estas pueden provenir de actividades agrícolas o del procesamiento de la madera. Antes de hacer uso de un sustrato orgánico, se debe cerciorarse que haya terminado su proceso, que sea un sustrato maduro. Un sustrato orgánico inmaduro puede sufrir de compactación y ocasionar problemas de aireación radical. Derivado de lo anterior, puede sugerirse el uso de sustratos orgánicos para cultivos de ciclo corto, mientras que los sustratos inorgánicos pueden ser usados para cultivos de ciclo largo. Entre los sustratos orgánicos más empleados, se encuentran la turba y la fibra de coco.

*Peat*. El peat, peat moss, sphagnum o turba, puede usarse solo o en mezclas con otros sustratos. Actualmente es el material más usado de origen orgánico para la preparación de sustratos. El término peat se refiere al producto derivado de los residuos de briofitas (*Sphagnum*), Cyperaceae (*Trichophorum*), entre otros. Este material es transformado bajo condiciones anaeróbicas. Pueden distinguirse dos tipos de peat, el peat café y el peat rubio. Ambos presentan buena estabilidad, baja cantidad de nutrientes y bajo pH. El peat café presenta alta capacidad de retención de agua. El uso de este sustrato requiere de una corrección de pH.

*Fibra de coco*. Se obtiene de la remoción de las fibras del fruto de coco. Para su uso final como sustrato requiere de un composteo por 3 a 4 años y posteriormente es deshidratado y comprimido. La fibra de coco posee características físico-químicas que son similares a la turba rubia, pero posee un pH más alto. Además, la producción de fibra de coco genera un mínimo impacto al ambiente en comparación a la actividad extractiva de la turba desde los ecosistemas cercanos a los glaciares para abastecer la demanda de la horticultura industrial. Esto último es una razón por la que la fibra de coco es preferida sobre el peat moss para los cultivos sin suelo.

**Sustratos inorgánicos**. Esta categoría incluye materiales naturales y productos minerales derivados de los procesos industriales. A continuación, se mencionan solo los sustratos más empleados.

*Vermiculita*. La materia prima que permite obtener la vermiculita es una arcilla mineral natural. En la horticultura industrial comúnmente se utiliza la vermiculita exfoliada. Este material presenta una alta capacidad buffer y CIC, con valores similares al peat, pero con alto contenido mineral en K (5-8%) y Mg (9-12%). La vermiculita retiene fuertemente el $NH_4^+$, aunque las bacterias permiten la recuperación del nitrógeno fijado, asimismo, retiene el 75% del fosfato de forma irreversible, mientras que posee una baja capacidad absorbente de los iones $Cl^-$, $NO_3^-$ y $SO4^-$. Estas características deben observarse cuidadosamente cuando la vermiculita se le usa como sustrato. La estructura de la vermiculita no es muy estable debido a su baja resistencia a la compresión y tendencia a deteriorarse a través del tiempo, reteniendo el drenaje. Puede usarse solo, sin embargo, es preferible mezclarlo con perlita o peat. La vermiculita es un material que no puede ser esterilizado, puesto que se desintegra con los tratamientos de calor. La estructura de la vermiculita expandida colapsa fácilmente. Es por ello que su vida útil es corta y es sensible a compresiones mecánicas.

*Perlita*. Es un silicato de aluminio de origen volcánico que contiene 75% de $SiO_2$ y 13% de $Al_2O_3$. La perlita natural es triturada y sometida a altas temperaturas entre 760-1100 °C en un horno. A estas temperaturas, el poco contenido hídrico interno ocasiona una expansión de las partículas y la transforma a un volumen 4-20 veces su tamaño original, similar a lo que le sucede a los granos de maíz palomero, pero sin romperse. El producto final es un material ligero que posee una alta porosidad libre, aún después de una hidratación. Es capaz de soportar 3-4 veces su peso en agua. La densidad de la perlita es de aproximadamente 0.1 g/cm$^3$. No contiene nutrientes, el pH puede variar con relativa facilidad, debido a que su capacidad buffer es insignificante. Por lo general su pH está entre 7.0-7.5. Es importante recalcar que en este sustrato debe cuidarse el no manejar las soluciones por debajo de 5.0, para evitar el efecto fitotóxico del aluminio. Siendo un material inerte, el reciclaje de la perlita no afecta negativamente el ambiente, mas no se recomienda el reúso cuando pierde sus características orginales. Puede emplearse la esterilización por vapor, el cual puede realizarse cuando es nuevo o cuando haya terminado su vida útil. La esterilización puede realizarse en 13.25 litros de agua por cada 18.9 litros de perlita a una temperatura de 93.3 °C.

*Arcilla expandida*. Es obtenido por el tratamiento del polvo de arcilla a 700 °C. La arcilla expandida puede ser usado en mezclas con materiales orgánicos en cantidades de 10-35% por volumen, para proveer más aireación y drenaje. Las arcillas expandidas con pH superior a 7.0 no son recomendados para el uso en sistemas de cultivo sin suelo.

*Lana de roca*. Es el substrato más usado en cultivos sin suelo. Se origina de la fusión del aluminio, silicatos de calcio y magnesio y carbón a 1500-2000 °C. Después de una compresión y la adición de resinas especiales, el material adquiere una estructura fibrosa muy ligera con una alta porosidad. La lana de roca es químicamente inerte y, cuando se incorpora a otro sustrato, mejora su aireación y drenaje. Sirve para varios ciclos de cultivo, dependiendo su calidad. Usualmente, después de varios ciclos de cultivo, la mayor parte de la porosidad del sustrato se obstruye con raíces de plantas antiguas. En la horticultura industrial se le usa en cubos sobrepuestos a los sacos (bolis) de fibra de coco (GRODAN).

**Sustratos sintéticos**. Los sustratos sintéticos incluyen materiales plásticos de baja densidad y resinas sintéticas. Son materiales que se les conoce como "expandidos", debido a que son obtenidos por un proceso de dilatación a altas temperaturas, no son ampliamente usados, pero poseen propiedades físicas útiles para mejorar las características de otros sustratos.

*Poliestireno expandido.* Es producido en gránulos de 4-10 mm de diámetro. No sufren de descomposición, son muy ligeros y tienen una alta porosidad, pero con una extremadamente baja capacidad de retención de agua. Carece de CIC y de capacidad buffer. La mezcla con otros sustratos se realiza exclusivamente para mejorar la porosidad y drenaje. El tamaño de partículas preferido es de 4-5 mm.

*Espuma de poliuretano.* El aceite mineral es la materia prima para la producción de varias espumas y gránulos usados para muebles, para la industria de la construcción y

recientemente para la horticultura industrial. Los productos de aceite mineral, así como el di-isocianato, pueden mezclarse con glicol para producir poliuretano. Este es un material de baja densidad (12-18 kg/m$^3$) con una estructura porosa que permite la absorción de agua igual al 70% de su volumen. Es químicamente inerte, posee un pH neutral entre 6.5-7.0, no contiene nutrientes. En el mercado es posible encontrarlo en la forma de gránulos, cubos para enraizamiento o bloques. Similar a la lana de roca, puede ser usado para el cultivo sin suelo.

## 4. Equipos y materiales usados en un área de riego para semihidroponia.

Las unidades de producción en agricultura protegida se encuentran diseñadas a modo que todas sus partes funcionan como uno solo. Las partes elementales lo representan el cabezal de riego y la red de distribución (también conocido como unidad de riego) (Figura 1).

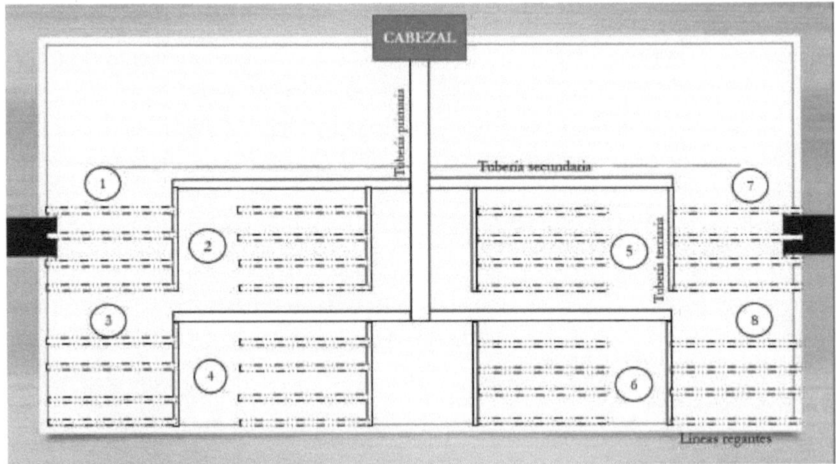


**Figura 11**. Dibujo ilustrativo de las partes que componen un área de producción agrícola.

## 4.1. Elementos de un cabezal de riego

**4.1.1 Bomba de riego**. Las bombas de riego se seleccionan en base a la presión requerida en todo el sistema. Debe calcularse la capacidad requerida para extraer el agua desde cierta profundidad y las pérdidas de carga en que se incurrirá en todo el trayecto de las tuberías. En un sistema hidropónico será necesario más de una bomba, dependiendo del control que se requiera para evitar contratiempos.

. Bomba axial

centrifuga

centrifuga unicelular

centrifuga multicelular

Las bombas de riego (o motobombas) que pueden usarse en los sistemas hidropónicos pueden ser de tipos diferentes. Por el tipo de flujo se clasifican en axial, radial y mixto. Por el tipo de impulsor se encuentran los unicelulares y multicelulares. Por el tipo de eje los hay verticales y horizontales.

**4.1.2 Filtros**. Los elementos filtrantes representan un elemento básico para el control de la pureza del agua. Desde que se extrae el agua desde la fuente principal, llámese esta agua de pozo, agua de presa o geomembrana, será necesario instalar un elemento filtrante que impida el paso de impurezas presentes en esa agua a las líneas regantes (cintillas).

Los filtros con mayor capacidad de filtrado son los de arena e hidrociclón.

**Figura 12**. Filtros de arenas e hidrociclón, respectivamente.

*Filtros de arena*. Los filtros de arena están diseñados para retener partículas orgánicas e inorgánicas. Consisten en tanques metálicos o de poliester que contienen una capa de arena en su interior de un espesor no inferior a los 50 cm. El tipo de arena más utilizada es la arena silicea. Este tipo de arena ofrece buena resistencia a la rotura del grano de modo que no exista riesgo de desintegración con el uso, además, ofrece una aceptable resistencia a los ácidos. Las pérdidas de carga que se producen en este tipo de filtros dependen del grado de limpieza que tenga el material filtrante, en este caso, la capa de arena. Por ejemplo, durante el funcionamiento, la arena limpia incurre en una pérdida de carga de entre 1 a 2 m.c.a. (metros de columna de agua), sin embargo, cuando la arena presenta altos niveles de sedimentos el valor de la pérdida de carga que sufre el flujo de agua al paso por el filtro aumenta hasta los 4 ó 6 m.c.a. Debido a lo anterior, es necesario realizar un lavado frecuente de la arena filtrante. Esta limpieza se realiza con un retro lavado, el cual se consigue invirtiendo el sentido de circulación del agua, para lo cual, las tubuladuras de entrada y salida deberán disponer de las derivaciones necesarias de modo que pueda llevarse a cabo la circulación en dirección contraria del flujo de agua para la limpieza y poder eliminar el agua sucia procedente del retrolavado. Este tipo de filtro se recomienda cuando se utilizan fuentes de agua estancada, como presas y aguas en geomembrana, ya que el agua en estos contenedores genera impurezas orgánicas como el limo y algas.

*Filtro hidrociclón.* Este filtro permite la retención de partículas con peso específico superior al agua, como la arena, por efecto de la fuerza centrífuga que se ejerce sobre el flujo que penetra en el filtro. La eficiencia de este tipo de filtros permite retener partículas presentes en el flujo de un tamaño mayor a 74 micras (200 mesh aprox.) y densidad superior a 1,5 gr/cm$^3$. Consta de un cuerpo superior cilíndrico por donde se sitúan los orificios de entrada y salida del filtro, y otro cuerpo inferior con forma cónica. La corriente de agua entra en el filtro tangencialmente, lo que provoca que se genere un vórtice, llamado torbellino principal, que va descendiendo por el cuerpo del filtro. La fuerza tangencial o fuerza centrífuga ligada al vórtice lanza las partículas contra las paredes del filtro, las cuales quedan retenidas y posteriormente por gravedad van descendiendo hasta un depósito inferior donde se van acumulando los sedimentos. El flujo de agua cuando alcanza el vértice inferior del cuerpo cónico del filtro, genera otro torbellino secundario, esta vez en dirección ascendente, que gira en el mismo sentido que el primario hasta alcanzar el cuerpo cilíndrico superior del filtro, por donde sale por el conducto de salida. Las pérdidas de carga que se producen en este tipo de filtros son del orden de 3 a 7 m.c.a. dependiendo del caudal de agua que circule por el filtro. Por otro lado, como las partículas retenidas se van acumulando en un depósito inferior, el cual no interfiere en el flujo, la pérdida de carga en este tipo de filtro se mantiene constante, a diferencia del filtro de arenas donde las pérdidas de carga aumentan conforme crece el volumen de los sedimentos retenidos. Es recomendable instalar en serie con el hidrociclón un filtro de mallas como medida de seguridad, dado que hasta que el hidrociclón no alcanza el régimen de trabajo puede dejar pasar algunas partículas. Este tipo de filtro se recomienda cuando se hace uso del agua de pozo, ya que el agua de pozo contiene graba.

*Filtros de discos y de mallas.* Estos elementos filtrantes, por lo general se utilizan en la red de distribución. Son capaces de retener partículas a partir de un diámetro de 0.13 mm. Ambos tipos de filtros son similares en cuanto a su precisión de filtrado. El filtro de discos realiza un filtrado tridimensional. El filtro de mallas realiza un filtrado en una abertura. La única diferencia es la mayor resistencia de los filtros de discos. Las mallas suelen romperse con facilidad en un área de riego mal manejada. Aunque su uso con mayor frecuencia es en la unidad de riego o red de distribución, también puede ser utilizado en el cabezal de riego, solo cuando la fuente de agua es de muy buena calidad. Actualmente se disponen comercialmente de filtros de discos acoplados a pequeños filtros hidrociclón (Figura 3).

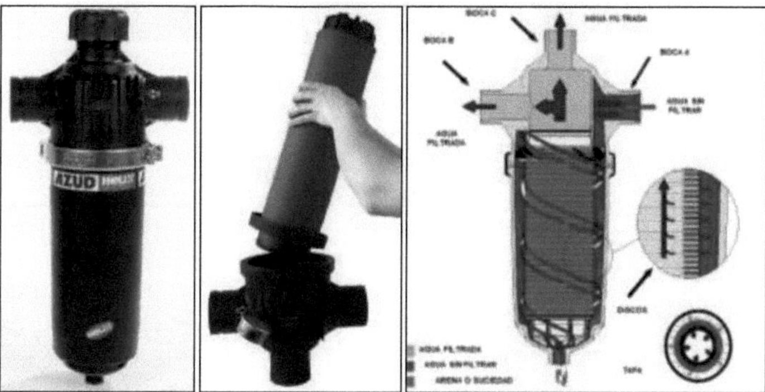

**Figura 13**. Filtro de discos. Aspecto interno.

Como se mencionó arriba, la selección de los filtros necesarios está en función de la calidad del agua de riego que dispone la unidad. La cantidad de filtros está en función de la cantidad de subunidades de riego. Estos filtros podrán disponerse en un solo sitio o encontrarse separados unos de otros. La ventaja de disponer de una batería de filtros, es que se puede controlar el proceso de filtrado más fácilmente. La selección también debe realizarse conociendo la arquitectura y funcionamiento del filtro, ya que ello facilitará la labor de destaponamiento (Figura 4).

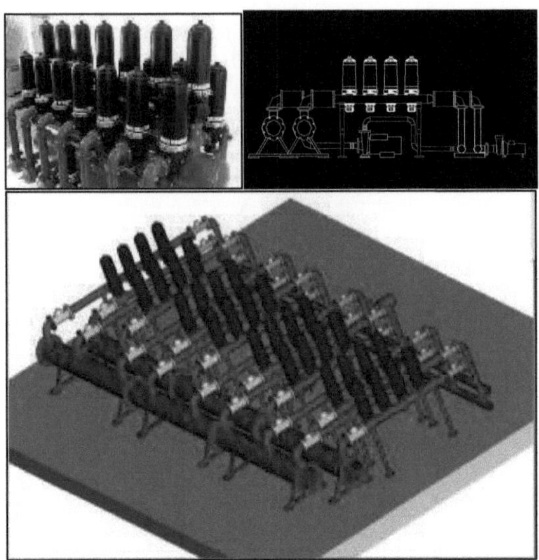

**Figura 14.** Disposición en batería de filtros de anillos, dibujo tridimensional y bidimensional.

**4.1.3 Válvulas**. Las válvulas son elementos que permiten controlar el paso del agua desde el cabezal de riego hasta la unidad de riego. Existen dos variantes de las válvulas, las que se controlan manualmente y las que se controlan con impulsos eléctricos. Así mismo, en una unidad de riego se requerirán diferentes tipos de válvula, las cuales presentan funciones diferentes. Por ejemplo, se requerirán válvulas de paso de tipo esfera, válvula compuerta, de alivio, válvula de paso anular, check o antirretorno y electroválvulas. Las electroválvulas pueden usarse como llave reguladora de abonado y para controlar el riego en las tuberías de distribución.

Actualmente se disponen comercialmente válvulas que incorporan más de una función. Por ejemplo, existen válvulas que controlan el llenado y vaciado de las tuberías, protegen contra la sobrecarga y cavitación, y la protección contra presiones excesivas en las tuberías. También existen en el mercado válvulas volumétricas, los cuales se conforman de una válvula hidráulica y un contador. Este tipo de válvulas versátiles no son indispensables, aunque si se cuenta con ellos, será útil instalarlos, además de que facilitan la presión necesaria para lavar las tuberías, como lo es el caso de las válvulas sostenedoras de presión o permiten controlar la cantidad de agua que llega a la unidad de riego. (Figura 5).

Válvula de alivio

Válvula de paso anular

Válvula check tipo columpio (no retorno).

Electroválvula

**Figura 15**. Válvula sostenedora de presión y válvula volumétrica.

**4.1.4 Tuberías**. Es el conjunto de tuberías que parten desde la fuente de agua (ej. geomembrana, presa o pozo) hasta el área de riego. La sección de tuberías que conducen el agua desde la fuente hasta antes del área de distribución se le conoce como tubería primaria. Estos pueden ser de 4 tipos:

- Aluminio.
- Acero.
- Cloruro de polivinilo
- Polietileno.
- Lay Flat.

La red de distribución se compone de los siguientes elementos:

- Tubería secundaria o terciaria.
- Línea regante, cintas de riego o porta emisores.

Tanto en las tuberías de conducción como en la red de distribución es necesario controlar el nivel de presión, ya que un mal manejo de las presiones puede ocasionar roturas de tuberías o de líneas regantes. Para ello, debe disponerse de medidores de presión o manómetros (Figura 6).

**Figura 16.** Medidor de presión o manómetro.

La unidad de medida de la presión hídrica en agricultura puede leerse en PSI (Pound Square Inch) o libras por pulgada cuadrada.

**4.1.5 Tanque de fertilizantes**. Consisten en contenedores de diferente capacidad en la que se preparan las soluciones nutritivas. La cantidad de contenedores está en función del control que se requiera en la preparación de las sales. Idealmente sería preferible tener tantos tanques de fertilizantes como el numero de sales que se tenga que preparar, sin embargo, esto en la práctica resulta impráctico. Para ello, se ha convenido preparar las soluciones nutritivas mezclando las sales en base a su compatibilidad y naturaleza.

**4.1.6 Contenedores para sustratos.** A la siembra de cultivos en sustrato se le conoce como semihidroponia. Está técnica es la más utilizada. Para su establecimiento se requiere de bolsas, macetas, empaquetados en forma de bolis, contenedores en forma de canaletas, entre otros (Figura 7).

La selección de los contenedores está en función del tipo de cultivo y la experiencia que tenga el productor en su manejo. Por lo general, la primera forma de semihidroponia que debe seleccionar un productor inexperto, es la siembra en bolsa. La bolsa es un material de polietileno de baja densidad. El color puede ser blanco o negro. El color negro presenta la característica de alto calentamiento al medio día. El color blanco ocasiona lo contrario al negro al reemitir la radiación incidente. El volumen depende de la especie a cultivar. Por ejemplo, para cultivos verticales como el pepino, pimiento y tomate indeterminado, se suele utilizar contenedores con capacidad aproximada de 6 litros. Aunque en tomate algunos productores suelen usar bolsas de hasta 20 litros, sin embargo, con la opción de manejar el cultivo a 2 tallos.

**Figura 17**. Disposición de contenedores para semihidroponía. Superior izquierda: cultivo en bolsas. Inferior izquierda: transplante en bolis de fibra de coco con cubos de lana de roca. Superior derecha: canales de plástico con tezontle. Inferior derecha: Canales de plástico con tezontle elevado.

La semihidroponia puede regarse mediante riego localizado y por goteo. El riego localizado consiste en la integración de elementos como las estacas con mangueras de espagueti. El riego por goteo se logra simplemente con cintas de riego con emisores en flujo turbulento.

**4.1.7 Costos de equipamiento.** A continuación, se muestran ejemplos de costos cuando se decide la selección de algún sustrato para una superficie de 10,000 m$^2$. El cultivo es tomate de crecimiento indeterminado.

*Ejemplo 1.* Se decide sembrar en sustrato fibra de coco en bolis con 3 plantas por cada una a doble hilera, dando un total de 30,000 plantas/ha. El precio promedio de un boli es de 50 pesos mexicanos, aunque a mayor cantidad de compra, el precio disminuye. Las dimensiones de un boli son 100 x 15 x 12 cm. Se considera que en una longitud de 100 m pueden ordenarse linealmente 100 bolis por hilera, dando un total de 200 bolis a doble hilera y 10,000 bolis/ha. El riego se realizará mediante el riego por cintilla. Para ello, se insertará las cintas en orificios en los extremos de cada boli.

| Cuadro 2. Costos aproximados del sistema de riego para 1 ha., con camas establecidas a 2 metros de separación usando bolis de fibra de coco como sustrato. | |
|---|---|
| **Elementos del cabezal de riego** | |
| Bomba de 5 HP | \$ 5,000.00 |
| Filtro de anillos | \$ 3,000.00 |
| Válvulas (varios) | \$ 2,000.00 |
| Tanque fertilizador | \$ 1,500.00 |
| **Red de distribución** | |
| Tubería de PVC de 2". | \$ 4,000.00 |
| Válvula compuerta | \$ 1,000.00 |
| Cinta de riego (3 rollos). | \$ 10,000.00 |
| Bolis (10,0000 bolis/ha) | \$ 500,000.00 |
| Total | \$ 530,500.00 |

*Ejemplo 2*. Ahora, si consideramos el uso del tezontle como sustrato, el costo disminuye. El tezontle es un material abundante en el centro de México, ya que es de origen volcánico. El precio promedio del tezontle es de \$ 250/m$^3$. El sistema de riego preferible es de tipo localizado (riego por espagueti), el cual se logra mediante mangueras de 16 mm. A las mangueras se les hace perforaciones por las que se inserta un adaptador para gotero de 4 salidas que alimentará microtubos de PVC de 60 cm. con estacas de riego (piquetas) a 1 metro de distancia (**Figura 8**). Para calcular el costo total para una densidad de plantación de 40,000 plantas/ha, los cálculos se realizan de la siguiente manera:

**Cantidad de tezontle para 40,000 plantas.**

Cada planta de tomate requiere como mínimo 6 litros de sustrato.

6 litros = 6,000 cm$^3$ = 0.006 m$^3$

Volumen total = 40,000 pl/ha x 0.006 m$^3$/pl.

= 240 m$^3$/ha.

**Costo del sustrato.**

El costo por m$^3$ es de \$250.00

Costo total = \$ 250/m$^3$ x 240 m$^3$/ha.

= \$ 60,000/ha.

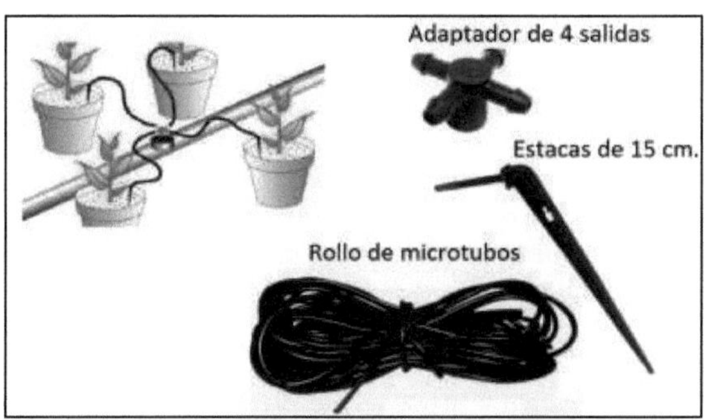


**Figura 18**. Componentes del riego por espagueti.

| Cuadro 3. Costos aproximados del sistema de riego para 1 ha., con camas establecidas a 2 metros de separación usando bolsas de tezontle como sustrato. | |
|---|---|
| **Elementos del cabezal de riego** | |
| Bomba de 5 HP | $ 5,000.00 |
| Filtro de anillos | $ 3,000.00 |
| Válvulas (varios) | $ 2,000.00 |
| Tanque fertilizador | $ 1,500.00 |
| **Red de distribución** | |
| Tubería de PVC de 2". | $ 4,000.00 |
| Válvula compuerta | $ 1,000.00 |
| Manguera de 16 mm (12 rollos de 400 m.) | $ 20,000.00 |
| Adaptadores de 4 salidas (5,000 pzs.) | $ 8,000.00 |
| Estacas para microtubo de 15 cm (5,000 pzs.) | $ 8,000.00 |
| Microtubo (30 rollos de 300 m.) | $ 13,500.00 |
| Tezontle | $ 60,000.00 |
| Bolsas de polietileno | $ 4,000.00 |
| Total | $ 130,500.00 |

## 4.2. Estimación del riego en cultivos sin suelo

El suelo es el medio con mayor capacidad de retención de agua en comparación con cualquier sustrato. Mientras que un suelo puede retener el agua hasta un nivel de tensión de hasta 1500 kPa, un sustrato cede toda el agua a tensiones inferiores a 10 kPa. Esa característica hace que un cultivo establecido en sustrato, tenga que regarse con frecuencia. Sin embargo, aunque eso pueda ser una ventaja del suelo, la situación del sustrato logra rescatarse en el sentido qué por sus características, pueda manipularse fácilmente para propiciar un medio idóneo de crecimiento. Por ejemplo, a un sustrato puedes lavarle las sales que quedan en exceso después de varios riegos con soluciones nutritivas, y a un suelo no. A un cultivo establecido en sustrato se le puede controlar los niveles nutrimentales en un lapso de tiempo relativamente corto, en cuestión de horas, mientras que un suelo las correcciones toman efecto después de varios días. Asimismo, niveles altos de retención de humedad tanto en suelo como en sustrato, suelen ser negativos si se tienen bajos niveles de aireación. Es por ello, que se sugiere un equilibrio entre estas 2 propiedades.

Los métodos para la estimación del riego en cultivos establecidos en suelo son los más estudiados hasta hoy. Por ejemplo, para el riego de frutales se disponen de dispersores de neutrones, sondas radioactivas, equipos de reflectometría y medidores de tensión. En cambio, los métodos para estimar el riego en cultivos establecidos en sustrato son escasos. Sin embargo, con la intención de aportar dosis exactas de agua en cada riego, se ha dispuesto de varios tipos de equipos que permiten medir funciones vitales de las plantas, como lo son la fotosíntesis, la transpiración y el potencial hídrico en tiempo real, con la intención de relacionarla con la demanda hídrica. Por ejemplo, existen equipos portátiles como los porómetros y analizadores de intercambio de $CO_2$, que miden la conductancia estomática durante esos eventos para ligarla con el nivel de deshidratación de una planta. Estos métodos, si bien parecen precisos, suelen recoger datos de resistencia estomática que pueden estar en respuesta a otros factores, como son la concentración de $CO_2$ circundante, factores de estrés diversos y el nivel de iluminación. Así también hay equipos que relacionan la temperatura del limbo de las hojas con los requerimientos hídricos de las plantas. Equipos como los termómetros termopares, LI-COR y el mismo porómetro permiten medir la temperatura de las plantas.

El primer riego que debe realizarse es el riego de saturación. Esta consiste en hidratar los espacios porosos del sustrato por completo y debe calcularse en base a la capacidad de retención de agua del sustrato. Cada sustrato tendrá una capacidad de retención diferente. Esta labor debe realizarse cuando aún no están transplantadas las plántulas en el sustrato. El riego debe realizarse con la solución nutritiva. El riego por saturación conlleva un tiempo específico, normalmente se alcanza en cuestión de horas. Posterior a este primer riego, una vez transcurridas las 24 horas, se procede al transplante de las plántulas.

Supongamos que se pretende dar el primer riego a saturación de sacos de perlita de 40 litros con 3 perforaciones con sistema de riego localizado. Cada orificio tiene inserto un gotero con caudal de 3 litros por hora. La capacidad de retención de agua del sustrato es del 60%. La manera en que se estimará la cantidad de agua a aplicar y el tiempo de riego se realizará de la siguiente manera:

*Si 40 lts ---------→100%*
*X <----------- 60%*

$$X = \frac{(60\% \, x \, 40 \, Lts)}{100\%} = \frac{2{,}400}{100} = 24 \, Lts.$$

Entonces, 24 litros por saco será la cantidad de agua a aplicar en el primer riego. El tiempo de riego se calculará de la siguiente manera:

Si un saco tiene insertos 3 goteros con un flujo de 3 Lts/hr cada uno. Entonces:

$$Gasto \, por \, gotero = \frac{24 \, Lts}{3 \, goteros} = 8 \, Lts.$$

Por lo tanto, el tiempo de riego se obtiene:

1 gotero emana 3 Lts ---------→ 60 min
Gasto por gotero de 8 Lts --------→ Tiempo de riego

$$Tiempo \, de \, riego = \frac{(8 \, Lts \, x \, 60\text{min})}{3 \, Lts} = \frac{480}{3} = 160 \, min \, \approx 2 \, hrs \, 40 \, min$$

Los riegos subsecuentes tendrán una duración mínima en comparación al riego por saturación. Lo anterior se debe a que después de la saturación solo será necesario evitar la pérdida de un máximo de 5% del contenido hídrico en el sustrato. Por lo tanto, de acuerdo a los cálculos respectivos, se obtendrá una dosis de riego que duren tan solo minutos.

Por otro lado, no existe un procedimiento preciso que permita calcular el número de riegos por día. Sin embargo, puede ser obtenido ensayando a prueba y error durante 1 día entero, un cierto número de riegos, considerando siempre un aproximado de 30% de drenaje. Después de este ensayo, el número de riegos podrá ajustarse de acuerdo a los cálculos de la demanda hídrica de las plantas, obtenidos por algunos métodos como el de la bandeja de drenaje, bandeja de demanda, abastecimiento de la pérdida de agua por evapotranspiración, entre otros.

El método de la **bandeja de drenaje** consiste en un punto de control del riego en la que se dispone de una plataforma rectangular sobre la cual se colocan 3 macetas o 1 saco de sustrato y por abajo se disponen de colectores del dren después de cada riego, así mismo, se dispone de un colector en un gotero con solución nutritiva. El nivel de drenaje estará en función de la capacidad de retención de humedad del sustrato. El objetivo es controlar el nivel del riego a través del monitoreo del porcentaje de drenaje por día.

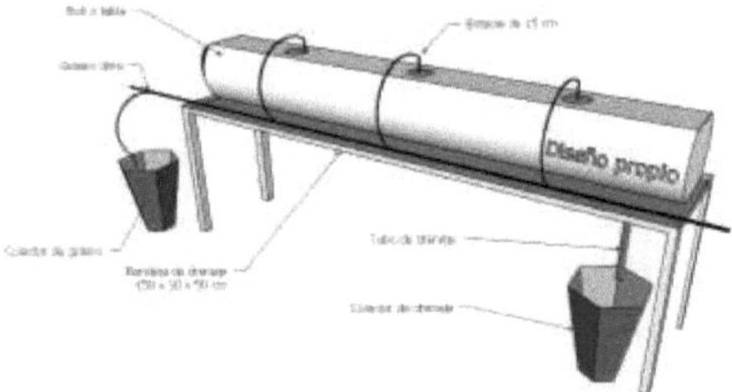


**Figura 19**. Punto de control con bandeja de drenaje.

Para estimar el numero de riegos puede adaptarse dos métodos complementarios. Por ejemplo, una vez que se controla el nivel de drenaje por el método de la bandeja, será necesario estimar la pérdida de agua en mm ocasionado por la evapotranspiración. Lo anterior puede lograrse instalando un tanque **evaporímetro** en el interior del invernadero.

### 4.3. Métodos del riego en unidades protegidas

Se requiere conocer la cantidad de agua a aplicar en el cultivo de tomate establecido en el sustrato perlita en sacos de 40 litros. La perlita tiene una capacidad de retención de agua de 60%. El riego es de tipo localizado con un gasto unitario de 3 litros/hr. El punto de control se compone de una bandeja de drenaje con un boli con 3 goteros.

Para proceder al cálculo, primero ordenamos los datos con los que se dispone y el procedimiento a seguir:

| **Datos**: | **Procedimiento** |
|---|---|
| • Sacos de perlita de 40 Lts.<br>• Capacidad de retención = 60%.<br>• Abatimiento permisible = 5%.<br>• Drenaje en turno = 25%.<br>• Punto de control = 1 boli con 3 goteros.<br>• Gasto por gotero = 3 Lts/hr. | a) Estimar la capacidad de retención de agua del sustrato.<br>b) Estimar el abatimiento permisible en litros.<br>c) Estimar el drenaje en colector.<br>d) Estimar la dosis de riego en lts/gotero y el tiempo (min). |

a) La cantidad de retención de agua serán los **24 litros** que calculamos en el primer riego a saturación.
b) Estimar el abatimiento permisible en litros.

El riego de cultivos en sustrato se decide en base a un porcentaje de abatimiento máximo de 5% del contenido de humedad. Por lo tanto, si el sustrato de perlita en sacos de 40 litros retiene 24 litros, entonces:

24 Lts -------------→ 100%
Lts. abatimiento <------------5%

$$Lts. abatimiento = \frac{(5\% \ x \ 24 \ Lts)}{100\%} = \frac{120}{100} = 1.2 \ Lts$$

c) Estimar el drenaje en colector.

El drenaje que se sugiere mantener en un día entero se ubica entre el 5 a 35%. Este porcentaje protegerá la pérdida de agua más allá de los límites del abatimiento. Durante un día entero, el porcentaje puede variar por las mañanas alrededor de 5%, al medio día entre 25 y 35%, y por las tardes nuevamente debe reducirse, puesto que al igual que por la mañana, la demanda evapotranspirativa disminuye. Por lo tanto, si al momento del riego decidimos permitir un 25% de drenaje, la cantidad en litros se calculará:

1.2 Lts --------→100%
Drenaje total <-------------25%

$$Drenaje \ total = \frac{(25\% \ x \ 1.2 \ Lts)}{100\%} = \frac{30}{100} = 0.3 \ Lts$$

d) Estimar la dosis de riego en lts/gotero y el tiempo (min).

**La dosis de riego (*Ds*) se obtendrá de la sumatoria de la cantidad de abatimiento permisible más el drenaje total calculado. El tiempo de riego (*Tmin*) se calculará a partir del gasto constante de cada gotero, el cual es de 3 Lts/hr. Por lo tanto:**

$$Ds = \frac{0.3 \ Lts + 1.2 \ Lts}{3} = \frac{1.5 \ Lts}{3} = 0.5 \ Lts$$

3 Lts/gotero ----------→ 60 min
0.5 Lts <--------------T. min

$$T. min = \frac{(0.5 \ Lts \ x \ 60 \ min)}{3 \ Lts} = \frac{30}{3} = 10 \ min.$$

## 4.4. Cálculo del riego por superficie

El riego tanto en suelo como en sustrato puede expresarse en lámina riego. Esta interpretación permite estimar los niveles de riego por día y por ciclo de cultivo. La lámina puede expresar en mm, cm, o metros. Ello permitirá estimar también la eficiencia del uso del agua.

El procedimiento para calcular la lámina por superficie será el siguiente:

a) Calcular la lámina de riego por $m^2$ por día.

No existe un procedimiento para calcularlo. Esta debe ensayarse a prueba y error durante un día entero, considerando un 25 a 35% de drenaje. Después del ensayo, podrá ajustare el número obtenido. Valga mencionar que el riego en sustrato con regularidad se aplica desde 1, 3, hasta 16 riegos. Esto dependerá de la capacidad de retención del sustrato, de la evaporación del agua y de la etapa fenológica del cultivo. En este ejemplo, consideraremos que el primer riego fue abastecido con una sola aplicación.

b) Calcular el volumen de drenaje total por día por bandeja.

El drenaje total por día ($Dr_t$) se calculará multiplicando el drenaje total obtenido previamente por el número de riegos ensayados para abastecer el requerimiento hídrico del cultivo, el cual en este caso es 1. Por lo tanto:

$$Dr_t = \text{Dr x No. riegos ensayados}$$
$$Dr_t = 0.3 \text{ Lts x } 1$$
$$Dr_t = 0.3 \text{ Lts.}$$

c) Calcular el volumen de riego total por día por bandeja.

El volumen de riego total (*VR*) se obtendrá de multiplicar la dosis calculada previamente (*Ds*) por el número de goteros por bandeja (*Ngb*) y el número de riegos. Por lo tanto:

$$\text{VR} = Ds \text{ x } Ngb \text{ x No. Riegos ensayados}$$
$$VR = 0.5 \text{ Lts x 3 x 1}$$
$$VR = 1.5 \text{ Lts}$$

d) Calcular el volumen de agua consumida por día por $m^2$.

El volumen de agua consumida (VC) se obtendrá de la diferencia del volumen de riego total y el drenaje total entre el número de goteros por bandeja y multiplicado por el número de plantas por metro cuadrado. El número de plantas se obtiene del cociente de dividir el total de plantas de una superficie total de cultivo entre la superficie en metros cuadrados. Para este ejemplo, consideraremos que tenemos una densidad de 3 plantas por cada metro cuadrado. Por lo tanto:

$$VC = [(VR-Dr_t)/Ngb]*Npm$$

$$VC = \left[\frac{(1.5\ Lts - 0.3\ LTs)}{3\ goteros}\right] * 3pl/m^2$$

$$VC = 1.2\ \text{Lts/m}^2 \approx 1.2\ mm/m^2$$

El volumen consumido permitirá estimar la lámina de riego necesaria diariamente. Para ello, deberá tomarse lecturas de la evaporación diaria. Las lecturas pueden obtenerse de una estación meteorológica en la cual se cuente con un tanque evaporímetro. Para mejores resultados, en la medida de la posible, puede optarse por instalar un tanque evaporímetro en el interior del invernadero. Para una mejor comprensión de esta práctica, véase el ejemplo de cálculo en Excel, el cual se encuentra disponible en la plataforma digital classroom.

## 5. ¿Qué es la fertirrigación?

En la fertirrigación proporcional, las soluciones concentradas de nutrientes se preparan en una serie de tanques, los cuales comúnmente se ubican en los cabezales de riego. Las soluciones se inyectan al agua de riego en proporciones adecuadas. Estas soluciones concentradas se conocen como "soluciones madre".

En fertirrigación o fertigación, no es suficiente saber las cantidades de fertilizantes que tienen que ser aplicadas. Otros factores deben ser tomados en cuenta en la preparación de soluciones madres. Los factores principales son:

- La compatibilidad de los fertilizantes.
- El número de tanques de almacenamiento.
- La solubilidad de los fertilizantes.
- La tasa de inyección).
- El tipo de fertilizantes que se utilizan.
- El uso de quelatos.
- Interacción de los fertilizantes con el agua, tales como, reacciones endotérmicas y reacciones con elementos presentes en el agua.

Algunos de los fertilizantes interactúan para formar compuestos no solubles y se precipitan. Los precipitados bloquean los nutrientes, por lo tanto, no están disponibles para la planta. Otro efecto adverso de los precipitados es las obstrucciones que causan en el equipo de riego. Es por ello que es necesario disponer más de un contenedor para la mezcla de los fertilizantes.

La cantidad de contenedores necesarios en fertigación, se determina en función de la compatibilidad de los fertilizantes que se desea mezclar, la reacción de acidez o alcalinidad, del sistema de riego, y de la superficie de cultivo.

Idealmente, cada sal fertilizante debería mezclarse por separado en cada contenedor, pero debido a que los recursos pueden ser escasos, para un mejor control de las precipitaciones y antagonismos de los iones, como mínimo se debe considerar las compatibilidades por grupos químicos.

En ocasiones, se acostumbra asignar un contenedor para la mezcla exclusiva de micronutrientes, ya que algunos elementos como el hierro, aún sin que presenten problemas de incompatibilidad, no son asimilados fácilmente por las plantas, haciéndose necesaria su aplicación en forma de quelatos.

La disposición de ácidos en un contenedor particular, facilita el control del pH de la solución nutritiva en todo momento. Al mismo tiempo, permite actividades de destaponamiento de las líneas regantes cuando se realiza el cambio de cultivo.

En fertigación, una de las formas de conducir las soluciones nutritivas, es a través de inyectores manuales o automáticos. La gran variedad de inyectores se selecciona para reducir el tiempo que implica la labor del riego, para aumentar la eficiencia de aplicación, y para controlar el nivel nutricional de los cultivos.

Actualmente en el mercado, se dispone de equipos sofisticados de inyección, con similitudes y diferencias. Por ejemplo, algunas marcas como Netafim, Xilema, Priva, Rain Bird, y Agronic, cuentan con sensores de pH y conductividad eléctrica, canales de inyección acoplados a rotámetros por medio de la cual se puede ajustar la tasa de inyección en litros por hora. Normalmente estos dispositivos cuentan con un rango de inyección de cero a mil litros por hora. La selección del número de canales de inyección se realiza considerando el número de contenedores para el mezclado de los fertilizantes. Como se puede observar en el clip, el movimiento ascendente y descendente de los fluidos es visible a través de medidores de flujo transparentes. Eso permite saber, cuáles de los canales está en funcionamiento.

Estos equipos, cuentan además con un panel de control del riego muy amigables. Simplemente se selecciona desde el menú las opciones preestablecidas, y listo. Cabe mencionar que ya se encuentra disponible la adquisición de estos controladores por separado, los cuales pueden accionar válvulas de riego eléctricas.

Si bien la adquisición de esta tecnología, facilita el manejo del riego y la fertilización, cabe mencionar que su rentabilidad está en función de la superficie de cultivo y de la uniformidad del sistema de riego.

## 5.1 Cálculo de una solución madre

La solución madre se prepara con el objetivo de abastecer la fertilización de los cultivos en áreas extensas. Si, por ejemplo, usted cuenta con 300 plantas y las puede regar con 200 litros de agua, entonces usted no necesita preparar una solución stock o solución madre. Bastará con mezclar los fertilizantes que calculó directamente a un contenedor de 200 litros y aplicarlo a sus cultivos. Simplemente deberá tener cuidado con la conductividad que tolera su cultivo, y listo. Pero si usted tiene 30,000 plantas en una hectárea, será problemático estar llenando constantemente un contenedor de 200 litros hasta que termine de regar. Para ello, puede optar por concentrar varias veces los fertilizantes que calculó y una vez mezclados inyectarlo a la tubería de descarga del sistema de riego. Solo deberá tener cuidado de que se vaya diluyendo a una tasa controlada, para que cada gota que le llegue a las plantas, tenga la conductividad requerida.

Para lograr lo anterior, será necesario diseñar una solución nutritiva, por lo tanto, vamos a organizar la información necesaria. Primero redactaremos en una fila, los macronutrientes que servirán para calcular una solución nutritiva, Steiner o Hoagland son algunos ejemplos, y lo llamaremos "Solución Nutritiva Ideal". Para el diseño de una solución nutritiva Steiner, se nos pide aplicar 4.4 miliequivalentes de sulfatos ($SO_4$) por litro de agua. Segundo, en la fila inferior inmediata, anotaremos los nutrientes que ya posee nuestra "agua de riego". El agua, sin importar de donde provenga, siempre contendrá elementos minerales. Por lo tanto, a la solución nutritiva ideal debe restársele este contenido. En este ejemplo, consideraremos que el agua de riego es desmineralizada.

| | $NO_3$ | $H_2PO_4$ | $SO_4$ | $HCO_3$ | CL | $NH_4$ | K | Ca | Mg | Na | PH | CE |
|---|---|---|---|---|---|---|---|---|---|---|---|---|
| Sol. Nutritiva ideal | **13.8** | **1.8** | **4.4** | **1.8** | **0** | **0** | **10** | **8.8** | **1.2** | **0** | | |
| Agua de riego | 0 | 0 | 0 | 0 | 0 | 0 | 0 | 0 | 0 | 4 | 7 | 0.4 |
| Ajuste | **13.8** | **1.8** | **4.4** | **1.8** | **0** | **0** | **10** | **8.8** | **1.2** | **-4** | | |

Para saber cuánto contenido iónico posee nuestra agua de riego, será necesario realizar un análisis de agua. Un análisis de agua es como se muestra en la Figura 20. En ella puede apreciarse el contenido en miligramos por litro, de cada uno de los elementos.

**Figura 20**. Reporte de laboratorio de análisis de agua.

Tercero. En la fila inferior subsecuente, anotaremos los ajustes de la solución final, el cual provendrá de la resta del contenido de agua de riego a la solución nutritiva ideal.

Si, por ejemplo, nuestra agua de riego contiene 0.13 miligramos por litro de potasio, esto lo colocaremos en la celda correspondiente al agua de riego, y realizaremos los ajustes.

| | $NO_3$ | $H_2PO_4$ | $SO_4$ | $HCO_3$ | CL | $NH_4$ | K | Ca | Mg | Na | PH | CE |
|---|---|---|---|---|---|---|---|---|---|---|---|---|
| Sol. Nutritiva ideal | **13.8** | **1.8** | **4.4** | **1.8** | **0** | **0** | **10** | **8.8** | **1.2** | **0** | | |
| Agua de riego | 0 | 0 | 0 | 0 | 0 | 0 | **0.13** | 0 | 0 | 4 | 7 | 0.4 |
| Ajuste | **13.8** | **1.8** | **4.4** | **1.8** | **0** | **0** | **9.87** | **8.8** | **1.2** | **-4** | | |

Para igualar los valores procederemos de la siguiente manera: en la matriz de balances colocaremos en una fila los cationes y en el costado izquierdo los aniones. Colocaremos los ajustes como referencia y las celdas internas deben poseer valores que den como sumatorio total igual a los ajustes, a estos denominaremos "balance".

**Matriz de balances**

| | Ca | Mg | K | $NH_4$ | H | Balance | Ajuste |
|---|---|---|---|---|---|---|---|
| $NO_3$ | 8.8 | | 5 | | | **13.8** | **13.8** |
| $H_2PO_4$ | | | | | 1.8 | **1.8** | **1.8** |
| $SO_4$ | | 1.2 | 3.2 | | | **4.4** | **4.4** |
| CL | | | 1.67 | | | **1.67** | |
| **Balance** | **8.8** | **1.2** | **9.87** | **0** | **1.8** | | |
| **Ajuste** | **8.8** | **1.2** | **9.87** | **0** | | | |

Los valores de intersección de los cationes y los aniones formarán sales. Por ejemplo, la intersección del catión $Ca^{2+}$ y el anión $NO^-_3$, forman la sal nitrato de calcio. Industrialmente la estabilidad de esta sal se consigue adicionando, cuatro moléculas de agua, por lo que el peso molecular del nitrato de calcio tetrahidratado incluirá el peso del agua. Valga mencionar de paso, que las moléculas deben venir especificadas en los costados de los fertilizantes, y es a partir de estas moléculas que debemos calcular los pesos moleculares finales. Lo que debemos calcular al final es la concentración en miligramos por litro. Esta se calcula multiplicando el peso molecular de la sal por los miliequivalentes que contiene la matriz de balances, para ello será necesario considerar la valencia, peso específico y grado de pureza, para el caso de los ácidos.

**Cuadro 4.** Miligramos por litro de la sal para abastecer los macronutrientes que se obtiene de la matriz de balances.

| **Fuentes** | **PM** | **Valencia** | **Pe** | **Meq** | **mg/L** |
|---|---|---|---|---|---|
| Ca(NO3)2*4H2O | 254 | 2 | 1 | 8.8 | 1117 |
| KNO3 | 101.1 | 1 | 1 | 5 | 505 |
| H3PO4 | 98 | 1 | 1.6 | 1.8 | 110 |
| MgSO4*7H2O | 246.5 | 2 | 1 | 1.2 | 147 |
| K2SO4 | 174.3 | 2 | 1 | 3.2 | 278 |
| KCL | 74.55 | 1 | 1 | 1.67 | 124. |
| Fe2(SO4)3 | 417 | | | | 9.9 |
| MnSO4*H2O | 169 | | | | 1.9 |
| H3BO3 | 61.8 | | | | 2.5 |
| ZnSO4*7H2O | 287 | | | | 0.48 |
| H2Mo4*H2O | 403 | | | | 0.2 |
| CuSO4*5H2O | 249 | | | | 0.08 |

Lo que hasta aquí hemos calculado, solo serviría para preparar un litro de solución nutritiva igual al 100% de concentración. Si nosotros deseamos preparar más de un litro, por ejemplo, 100, 200, 1000 litros, o más, necesitaremos multiplicar esta concentración por la cantidad de litros deseada. Pero, debido a que es casi imposible manejar varios contenedores de mezclado de diferentes capacidades, será necesario concentrar el mayor número de veces la solución nutritiva original acorde a la dilución. Para lograr lo anterior, debemos primero, definir la cantidad y volumen del o los contenedores. Por ejemplo, para regar una hectárea, será necesario disponer de contenedores con un volumen aproximado de 1000 litros. En este ejemplo, por el tipo de fertilizantes que nos permitió el ajuste, se requerirá de la instalación de 3 tanques de mezclado. La primera para mezclar el nitrato de calcio y el nitrato de potasio. La segunda para mezclar los micronutrientes. La tercera para mezclar los sulfatos, el ácido fosfórico y el cloruro de calcio.

Debemos conocer el volumen de agua de riego que se aplicará por día. En la hoja de Excel que les compartí en la sesión anterior, ustedes pueden calcular la cantidad de agua que se requerirá por hectárea por día. Yo aquí coloco 16000 litros arbitrariamente.

Debemos conocer también el gasto de la bomba. Este puede estimarse si no se cuenta con medidores de flujo. Como referencia, una bomba de 2 HP con un diámetro de salida de 2 pulgadas, tiene un gasto aproximado de 4 litros por segundo. Si a esto lo multiplicamos por los 3600 segundos que tiene una hora, obtenemos 14400 litros por hora. Debemos conocer el tiempo de inyección. Este se obtiene de dividir el volumen de riego por día entre el gasto por hora de la bomba. Para la etapa vegetativa estará en aproximadamente 1.11 horas de riego, 1.25 para la etapa de floración, y así sucesivamente.

La tasa de inyección dependerá del equipo de inyección o Venturi. En este caso, vamos a suponer que nuestro inyector puede inyectar hasta 900 litros por hora. El ajuste dependerá también del volumen total de agua y del tiempo de inyección. Si se requiere mantener la misma tasa de inyección, entonces los cálculos serán en forma inversa. Debido a que la solución nutritiva que preparemos en los tinacos de 1000 litros va a mezclarse con el flujo de riego, será necesario concentrar el número de veces que se diluya la solución. Lo anterior servirá para calcular la cantidad de fertilizante para preparar una solución madre. En este caso, la división de 14400 entre 900, nos arroja una dilución de 16 veces.

**Cuadro 5. Etapas fenológicas del cultivo de tomate**

| | Vegetativa | Floración | Amarre | Cosecha |
|---|---|---|---|---|
| Cap. Tanque (Lts) = | 1000 | 1000 | 1000 | 1000 |
| Volumen de riego (Lts)= | 16,000 | 18,000 | 20,000 | 22,000 |
| Gasto de la bomba (Lph)= | 14,400 | 14,400 | 14,400 | 14,400 |
| Tiempo de inyección (hr)= | 1.11 | 1.25 | 1.39 | 1.53 |
| Tasa de inyección (L/hr) = | 900 | 800 | 720 | 655 |
| Dilución = | 16 | 18 | 20 | 22 |
| Tasa de inyección (L/m$^3$) = | 63 | 56 | 50 | 45 |

Finalmente, es necesario conocer la cantidad de solución nutritiva que se inyecta por cada metro cúbico de agua (tasa de inyección).

Para la preparación de la solución madre. Es necesario conocer la conductividad eléctrica de la solución nutritiva base. Con anticipación, es posible conocer la conductividad eléctrica que vamos a obtener en la solución una vez agregados los fertilizantes. Esta se conoce como "conductividad eléctrica teórica". Esta se obtiene de dividir entre 0.67 la sumatoria total de las partes por millón de todas las sales. En nuestro ejemplo, la sumatoria nos arroja 2309, y al dividir entre 0.67 obtenemos 3400 milisímens por metro, el cual al dividir entre 1000 lo convertimos a desisímens por metro.

| Sal | mg/L |
|---|---|
| $Ca(NO_3)_2*4H_2O$ | 1117 |
| $KNO_3$ | 505 |
| $H_3PO_4$ | 110 |
| $MgSO_4*7H_2O$ | 147 |
| $K_2SO_4$ | 278 |
| KCL | 124 |
| $Fe_2(SO_4)_3$ | 9.93 |
| $MnSO_4*H_2O$ | 1.9 |
| $H_3BO_3$ | 2.51 |
| $ZnSO_4*7H_2O$ | 0.48 |
| $H_2Mo_4*H_2O$ | 0.2 |
| $CuSO_4*5H_2O$ | 0.08 |
| ∑ = | **2300** |
| **C.E teórica (dS/m) =** | **3.4** |

Esta concentración es de 100 por ciento. Es importante mencionar, que esta concentración puede ser tóxica para varios cultivos. Así mismo, todos los cultivos en etapa de plántula no toleran este nivel de concentración. Es por ello, que debemos rebajar a la conductividad que toleran los cultivos en base a la especie y etapa fenológica. Por ejemplo, el cultivo de tomate en la etapa vegetativa requiere de 1.2 desisímens. Para lograr eso, realizamos una regla de tres simple, y obtenemos que corresponde a disminuir la solución base a un 35 por ciento, 52 por ciento para la etapa de floración, 81 por ciento para la etapa de amarre de fruto, y 116 por ciento para la etapa de cosecha. Con esos datos calculamos la cantidad de fertilizante a agregar en los tinacos de 1000 litros por cada etapa fenológica del cultivo, considerando la tasa de dilución.

Los datos calculados corresponden a lo que debemos preparar diariamente durante los días que dura cada etapa vegetativa. Por ejemplo, en el cultivo de tomate manejado a 23 días, la etapa vegetativa dura 32 días, la etapa de floración dura 25 días, y así sucesivamente.

| | **Solución madre** | | **Kg/tanque de 1000 Lts** | |
|---|---|---|---|---|
| | **Programa de fertilización diaria por hectárea** | | | |
| | **Vegetativa** | **Floración** | **Amarre** | **Cosecha** |
| **Sales** | 32 | 25 | 31 | 35 |
| Ca(NO3)2*4H2O | 6.2515 | 10.55 | 18.23 | 28.65 |
| KNO3 | 2.8276 | 4.772 | 8.247 | 12.960 |
| H3PO4 | 0.6167 | 1.041 | 1.799 | 2.827 |
| MgSO4*7H2O | 0.8273 | 1.396 | 2.413 | 3.792 |
| K2SO4 | 1.5600 | 2.632 | 4.550 | 7.150 |
| KCL | 0.6964 | 1.175 | 2.031 | 3.192 |
| Fe2(SO4)3 | 0.0555 | 0.094 | 0.162 | 0.255 |
| MnSO4*H2O | 0.0106 | 0.018 | 0.031 | 0.049 |
| H3BO3 | 0.0140 | 0.024 | 0.041 | 0.064 |
| ZnSO4*7H2O | 0.0027 | 0.005 | 0.008 | 0.012 |
| H2Mo4*H2O | 0.0011 | 0.002 | 0.003 | 0.005 |
| CuSO4*5H2O | 0.0004 | 0.001 | 0.001 | 0.002 |

Con estos mismos datos, adicionalmente podemos calcular la cantidad de fertilizantes que requerimos para un ciclo de cultivo y el costo de cada fertilizante.

### 5.2. Cálculo de micronutrientes

Hasta ahora hemos visto como se procede a calcular la cantidad de cada sal para abastecer los macronutrientes en una solución nutritiva ideal. Sin embargo, como se podrá entender, los micronutrientes también son necesarios para nutrir una planta. Steiner o Hoagland, también nos recomiendan la adición de micronutrientes en miligramos por litro.

En la tabla 12, en la fila de la solución universal de Steiner, se nos recomienda la aplicación de algunos micronutrientes. Solo aparecen seis (Fe, Mn, Zn, B, Cu y Mo). La unidad de los micronutrientes nos la dan en miligramos por litro, o lo que es lo mismo, partes por millón.

**Cuadro 6.** Cantidad de macro y microelementos de algunas soluciones ideales.

| | | meq $L^{-1}$ | | | | | | | mg $L^{-1}$ | | | | | |
|---|---|---|---|---|---|---|---|---|---|---|---|---|---|---|
| **Solución ó Cultivo** | **EC ($ms.cm^{-1}$)** | **$NH_4$** | **K** | **Ca** | **Mg** | **$NO_3$** | **$SO_4$** | **$H_2PO_4$** | **Fe** | **Mn** | **Zn** | **B** | **Cu** | **Mo** |
| **Hoagland** | - | 1.0 | 6.0 | 6.0 | 2.0 | 14.0 | 3.0 | 1.0 | - | 0.5 | 0.05 | 0.5 | 0.02 | 0.01 |
| **P. Morard** | - | 0 | 7.0 | 10.0 | 3.0 | 15.0 | 3.0 | 2.0 | | | | | | |
| **Steiner** | - | 0 | 7.0 | 9.0 | 4.0 | 12.0 | 7.0 | 1.0 | 1.33 | 0.62 | 0.11 | 0.44 | 0.02 | 0.048 |

Si bien, los miligramos por litro ya representan una cantidad tangible de la sal a aplicar, es necesario aclarar que, en algunas ocasiones, nos encontraremos que los micronutrientes vienen en mezcla con grupos aniónicos o catiónicos. Por lo tanto, debemos entender que, aunque sea mínimo, hay un aumento en la concentración de dichos grupos de macronutrientes. La gran mayoría de los fertilizantes vienen en combinación con grupos sulfatos. Es por ello que debemos calcular la cantidad de sales necesarias, y la cantidad de sulfatos que nos aporta cada sal.

Antes de calcular la cantidad de cada sal necesaria. Primero debemos obtener las partes por millón del grupo sulfato que obtuvimos en el balance de los macronutrientes del ejemplo anterior.

En este caso, el peso molecular del sulfato es 96. El peso molecular del azufre es 32.

Con esos datos procederemos a conocer el porcentaje que representa el azufre en el grupo sulfato. El resultado nos dice que es 33.3%.

En la emisión anterior, Steiner nos pidió aplicar 4.4 miliequivalentes de sulfato. Si multiplicamos 4.4 por el peso molecular del sulfato, obtenemos qué con ese requerimiento, estaríamos incorporando 422 partes por millón de sulfato.

Para conocer cuantas partes por millón tendríamos hasta este momento de azúfre, procederemos a realizar el mismo procedimiento de la regla de tres simple. Luego entonces, observamos que hasta este momento ya tendríamos 140.8 partes por millón de azufre en la solución nutritiva.

Por otro lado, debemos entender, que hay límites en la concentración de azufre tanto en la solución nutritiva, como en la concentración en tejido vegetal. Si nosotros rebasamos este límite podríamos tener problemas de precipitación o toxicidad en las plantas.

En la literatura, se reporta que el límite en la concentración de sulfatos en la mayoría de los cultivos es de 200 a 1000 partes por millón. Pero, para estar muy salvaguardados, pongamos un tope de 200 partes por millón.

Ahora, si restamos los 200 a lo que ya tendríamos hasta el momento de azufre, obtenemos que 59.2 partes por millón sería el tope que no debemos rebasar de azúfre.

La tabla siguiente, la llenaremos colocando primero el valor límite de azufre. Anotamos entonces las siglas del Azufre, Fierro, Manganeso, Boro, Cinc, Molibdeno, y cobre en la primera fila. El orden de los micronutrientes será del de mayor concentración en la fórmula de Steiner, al de menor concentración. En la parte superior de cada micronutriente anotaremos el peso molecular de cada elemento. Eso ya saben que lo encuentran en la tabla periódica. En el costado izquierdo de la tabla anotaremos las sales que emplearemos para suplir los microelementos. En la penúltima columna anotaremos el peso molecular de cada sal. En la última columna calcularemos el peso molecular de las sales.

| PM·Elem → | 32·1 | 55·85 | 54·9 | 10·8 | 65·38 | 95·94 | 63·55 | | |
|---|---|---|---|---|---|---|---|---|---|
| | S | Fe | Mn | B | Zn | Mo | Cu | PM·Sal ↓ | ppm ↓ |
| Conc·Elem → | 59·2 | 1·33 | 0·62 | 0·44 | 0·11 | 0·048 | 0·02 | | |
| $Fe_2(SO_4)_3$ | | | | | | | | 417 | |
| $MnSO_4*H_2O$ | | | | | | | | 169 | |
| $H_3BO_3$ | | | | | | | | 61·8 | |
| $ZnSO_4*7H_2O$ | | | | | | | | 287 | |
| $H_2Mo_4*H_2O$ | | | | | | | | 403 | |
| $CuSO_4*5H_2O$ | | | | | | | | 249 | |

Para calcular las partes por millón, emplearemos las dos fórmulas siguientes:

$$ppm = \frac{Conc.Elem}{\left[\frac{PM.Elem}{PM.Sal}\right]}$$

$$Aporte(S) = \frac{PM.S}{[PM.Sal]} \text{ x ppm}$$

Donde:

ppm = Son las partes por millón de las sales a calcular.
Conc.Elem = Es la concentración de los microelementos en solución ideal.
P.M. Elem = Es el peso molecular del microelemento en cuestión.
P.M. Sal. = Es el peso molecular de la sal fertilizante.
Aporte (S) = Es el cálculo de la cantidad de azufre que aporta la sal en cuestión.
P.M.S = Es el peso molecular del azufre.

Comenzaremos con el micronutriente de menor concentración requerida. El cobre. Primero nos ubicamos en la celda en la que se interceptan el elemento cobre y la sal que nos aportará este elemento, el sulfato de cobre. Anotaremos la concentración total, insertamos este dato en la primera fórmula, y anotaremos los pesos moleculares que nos pide la fórmula. El resultado lo anotaremos en la columna de partes por millón. Luego lo introducimos en la siguiente fórmula para calcular cuánto azufre nos aporta. El resultado lo anotamos en la columna del azufre. Procederemos del mismo modo para el molibdeno, el cinc, el boro, manganeso, y el fierro.

Para calcular la cantidad de azufre que nos aporta el sulfato de fierro, en la segunda fórmula, el peso molecular del azufre lo multiplicamos por tres, ya que, en la fórmula química del sulfato de fierro, el grupo sulfato tiene como subíndice 3.

| PM·Elem → | 32·1 | 55·85 | 54·9 | 10·8 | 65·38 | 95·94 | 63·55 | | |
|---|---|---|---|---|---|---|---|---|---|
| | S | Fe | Mn | B | Zn | Mo | Cu | PM·Sal | ppm |
| Conc·Elem → | 59·2 | 1·33 | 0·62 | 0·44 | 0·11 | 0·048 | 0·02 | ↓ | ↓ |
| $Fe_2(SO_4)_3$ | 2·29 | 1·33 | | | | | | 417 | 9·93 |
| $MnSO_4*H_2O$ | 0·36 | | 0·62 | | | | | 169 | 1·90 |
| $H_3BO_3$ | 1·30 | | | 0·44 | | | | 61·8 | 2·51 |
| $ZnSO_4*7H_2O$ | 0·05 | | | | 0·11 | | | 287 | 0·48 |
| $H_2Mo_4*H_2O$ | 0·02 | | | | | 0·048 | | 403 | 0·20 |
| $CuSO_4*5H_2O$ | 0·01 | | | | | | 0·02 | 249 | 0·08 |

Finalmente, hemos obtenido los requerimientos de los micronutrientes en partes por millón. Observamos también que, si sumamos los valores de azufre que nos aporta cada sal, estos se ubican en 4 partes por millón, y no rebasa los 59.2 partes por millón como límite.

### 5.3. Desbalances nutricionales.

En la agricultura protegida, la nutrición de los cultivos puede realizarse seleccionando alguna fórmula de fertilización, tal como la de Steiner, Hoagland, Sonnenveld, entre otros. Sin embargo, existen otros autores como Douglas, que recomiendan la fertilización de las plantas en base a sus límites fisiológicos. Douglas, propone límites o rangos máximos y mínimos que aseguran no caer en las indeseables precipitaciones y/o toxicidades por mal manejo de los nutrientes, asimismo, recomienda valores óptimos que pueden aplicar a cualquier cultivo.

| **Cuadro 7**. Valores Deseables de cada elemento en la Solución Nutritiva. (partes por millón) | | |
|---|---|---|
| ELEMENTO | LÍMITES | ÓPTIMO |
| Nitrógeno | 150-1000 | 250 |
| Calcio | 100-500 | 200 |
| Magnesio | 50-100 | 75 |
| Fósforo | 50-100 | 80 |
| Potasio | 100-400 | 300 |
| Azufre | 200-1000 | 400 |
| Cobre | 0.1-0.5 | 0.5 |
| Boro | 0.5-5 | 1 |
| Hierro | 2 a 10 | 5 |
| Manganeso | 0.5-5 | 2 |
| Molibdeno | 0.01-0.05 | 0.02 |
| Zinc | 0.5-1 | 0.5 |

La cantidad a aplicar de cada ion las recomienda en la unidad miligramos de nutrientes por litro de agua. Si queremos procesar esta recomendación, será necesario primero, organizar los valores. Para ello, colocaremos

### 4.3. Diagnóstico nutrimental

En la agricultura de precisión, no basta con saber la cantidad de nutrientes que debemos aplicarle a nuestro cultivo. Es necesario monitorear cuanto de esos nutrientes realmente están consumiendo las plantas. Para ello, será imprescindible echar mano de algunos dispositivos y métodos de muestreo de la solución circundante en la raíz, y la concentración de los nutrientes en el tejido vegetal.

El diagnóstico nutrimental, es la aplicación de técnicas que permiten evaluar: la capacidad de abastecimiento nutrimental que poseen los suelos, el estado nutrimental en que se encuentran los cultivos que integran un sistema de producción, y la efectividad de las prácticas de fertilización que se recomiendan.

El análisis nutrimental del agua de riego y el suelo, son las primeras dos acciones que debe realizarse antes de la plantación. Ello permitirá conocer la cantidad de elementos minerales que debemos descontar de la fórmula de fertilización de nuestra elección. Así mismo, podrá conocerse el nivel de asimilación de los nutrientes aportados al suelo y por ende la lixiviación en que se incurre en cada fertilización.

Durante el ciclo del cultivo, será necesario monitorear la cantidad de iones que realmente están consumiendo nuestras plantas. Para ello, existen dispositivos conocidos como sondas de succión o "lisímetros", que sirven para extraer la solución hídrica que circunda las raíces de las plantas después de aplicado el riego. Estos dispositivos se componen de un tubo hueco. En la parte interna del tubo, es donde se capta el agua extraída. En un extremo presenta una cúpula porosa de cerámica, el cual funciona como una raíz mecánica cuando se le aplica un vacío. En otro extremo presenta una goma que aprisiona una micromanguera en forma de espagueti con diámetro inferior a un cuarto de pulgada. A través de esta micromanguera puede acoplarse una bomba de vacío, o una jeringa de 50 mililitros. Una vez inserto en el suelo, deberá aplicarse una succión de alrededor de 40 kilopascales de presión. Después de algunas horas, la colecta estará lista.

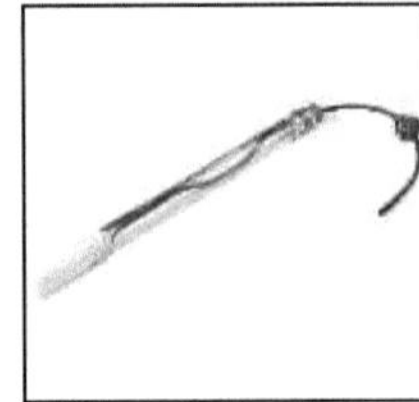

**Figura 21**. Lisímetro o chupatubos.

En cultivos establecidos en sustrato, la colecta de la solución circundante se realiza mediante captación en los "puntos de control", los cuales se componen de una bandeja de drenaje.

El análisis del contenido nutrimental del tejido foliar, permite conocer la asimilación de los iones por parte de las plantas. Para ello, deberá colectarse las partes fisiológicamente más activas de las plantas. Los peciolos. El peciolo es la porción vegetal de mayor tasa de flujo de savia, es por ello que es más representativo el contenido momentáneo de los nutrientes que está asimilando el cultivo. Los peciolos deberán seccionarse en porciones que quepan en un depósito para su maceración. Para ello, será necesario acoplar un depósito de aproximadamente 30 mililitros a una prensa que se emplea en carpintería, o en su defecto algún extractor manual de jugos. Deberá cuidarse que los materiales que aprisionen los peciolos (depósito y pistilo) sean de plástico y no de metal.

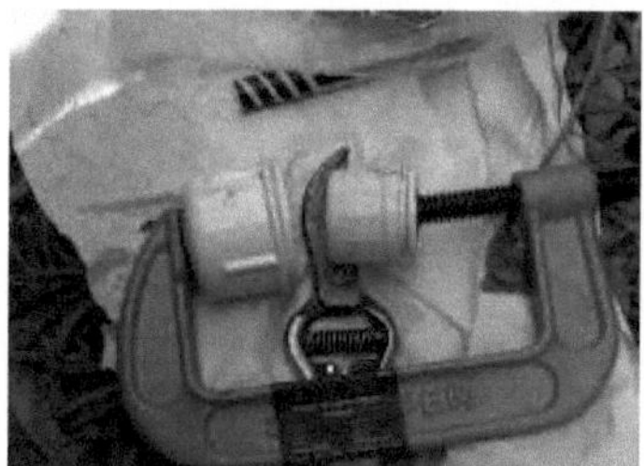

**Figura 22**. Prensa para carpintería con el depósito y pistilo acoplados.

La medición de los iones tanto del agua de riego, como del tejido vegetal, puede medirse directamente en el campo, sin tener que enviarse a un laboratorio. Para ello, existen medidores portátiles, o electrodos. Una vez depositadas las muestras en frascos que den cabida a los electrodos, pueden tomarse lecturas cada cierto día. Pueden leerse pH, conductividad eléctrica, calcio, nitratos, y potasio mediante colorimetría. Algunos otros parámetros importantes que pueden medirse son, el potencial oxido reducción, y los sólidos solubles.

Debe tenerse cuidado a la hora de la colecta de las muestras. Primero, la maceración de los tejidos debe realizarse en un lugar fresco. Los frascos deben protegerse de los rayos solares y el ambiente, y opcionalmente deben mantenerse en congelación, o ultracongelación. Esto se deberá realizar para evitar la oxidación de las muestras y la evaporación.

No está de más mencionar, si alguno se decide a dedicarse a la asesoría nutricional de cultivos, el conocimiento de los elementos que componen el sistema de producción, topología del cultivo, etapas fenológicas de las plantas, momento oportuno de muestreo, condiciones climáticas, acceso para el traslado de las muestras, sanitización de herramientas de corte, y evitar la introducción de plagas o enfermedades.

## 6. Bibliografía recomendada


Baudoin W., R. Nono-Womdim, N. Lutaladio. 2012. Good Agricultural Practices for Greenhouse Vegetable Crops: Principles for Mediterranean Climate Areas (No. 217), Food and Agriculture Organization of The United Nations, Rome.

Foote W. 2015. To Feed the World in 2050, We Need to View Small-Scale Farming as a Business, Skoll World Forum, Oxford, UK.

Goddek, S., Joyce, A., Kotzen, B., y Burnell, G. M. (2019). *Aquaponics Food Production Systems*. Springer.

James J. and M. P. Maheshwar. 2016. "Plant growth monitoring system, with dynamic user-interface," in 2016 IEEE Region 10 Humanitarian Technology Conference (R10-HTC), pp. 1– 5, Agra, India.

Kingston, P. H., Scagel, C. F., Bryla, D. R., y Strik, B. C. (2020). Influence of Perlite in Peat-and Coir-based Media on Vegetative Growth and Mineral Nutrition of Highbush Blueberry. *HortScience*, *1*(aop), 1-6.

Lakhiar, I. A., Jianmin, G., Syed, T. N., Chandio, F. A., Buttar, N. A., y Qureshi, W. A. 2018. Monitoring and control systems in agriculture using intelligent sensor techniques: A review of the aeroponic system. *Journal of Sensors*.

Masaguer, A. 2007. ¿ Qué sustrato elegir?. *Horticultura: Revista de industria, distribución y socioeconomía hortícola: frutas, hortalizas, flores, plantas, árboles ornamentales y viveros*, (201), 40-43.

Muro Erreguerena, J. 2012. Tecnologías de producción en CSS y sostenibilidad de estos sistemas. *Idesia (Arica)*, *30*(1), 3-6.

Mundo-Rosas, V., Unar-Munguía, M., Hernández, M., Pérez-Escamilla, R., y Shamah-Levy, T. 2020. Food security in Mexican households in poverty, and its association with access, availability and consumption. *Salud Pública de México*, *61*(6), 866-875.

New Growing System S.L. 2020. Sistema de Cultivo Hidropónico sin Sustrato. http://ngsystem.com/es/legal

Pimentel D., B. Berger, D. Filiberto. 2004. "Water resources: agricultural and environmental issues," Bioscience, vol. 54, no. 10, pp. 909–918, 2004

Savvas, D. (2003). Hydroponics: A modern technology supporting the application of integrated crop management in greenhouse. *Journal of food agriculture and environment*, *1*, 80-86.

Taher Kahil M., J. Albiac, A. Dinar et al. 2016. "Improving the performance of water policies: evidence from drought in Spain," Water, vol. 8, no. 2, p. 34.

Valenzano V., A. Parente, F. Serio, and P. Santamaria, "Effect of growing system and cultivar on yield and water-use efficiency of greenhouse-grown tomato," The Journal of Horticultural Science and Biotechnology, vol. 83, no. 1, pp. 71–75, 2008.

Printed by Books on Demand GmbH, Norderstedt / Germany